日本のインテリジェンス機関

大森義夫

文春新書
463

日本のインテリジェンス機関　目次

序にかえて——私のインテリジェンス論

これは回顧録ではない。内幕を描いた記録《ドキュメント》でもない。その種の本は書く気になれない。本書は、いわば「研究ノート」である。

私は二十七歳で復帰前、米軍施政下のオキナワに派遣されて以来三十年間、情報の仕事に携わって来た。宮沢喜一内閣から橋本龍太郎内閣まで五代にわたって内閣情報調査室（内調）室長をつとめた。その間、発見と反省を繰り返す、苦い歳月だった。

一つの到達点として、インテリジェンスに関して日本も相応の能力を備えなければ、これからも国際政治の磁場を漂流することになると危惧している。踏み込んだ真実を自分の眼で見て、分析を組み立てない限り日本独自のスタンスは打ち出せないのだから。

イラクにおける大量破壊兵器の存在についてCIAの情報力が全く誤っていたことは、大いに批判さるべきである。それだからといって、「情報収集に関する『米国神話』は大きく揺らいだ格好である。だが、米国の情報に依存する日本としては、それでは困る」（二〇〇五年四月三日・毎日新聞社説）と他人事のように評論していてよいのだろうか？

　私は声高な、性急な主張をしようとは思わない。日本の情報について試行錯誤を重ねてきた私の体験は貧弱な施設での化学実験に似ているかも知れない。しかし、インテリジェンスなき国家は方向性を喪失するという思いは否めない。

　米国とも中国とも異なる、日本の情報機能をベースにして我が祖国が国際戦略を展開してくれる姿を心から念願している。


　私は二〇〇二年一月から〇四年三月まで二十七回にわたって、雑誌「選択」に「『インテリジェンス』を一匙」と題するエッセーを連載し、終了後に加筆補訂して『「インテリジェンス」を一匙――情報と情報組織への招待』という単行本にまとめた（発行・選択エージェンシー、発売・紀伊國屋書店）。この書名は長いので、以後前著として引用させていただく。「『インテリジェンス』を一匙」というタイトルは、「週刊読売」に連載された内舘牧子さんの対談集『毒を一匙』にヒントを得たものである。

　インテリジェンスは毒である。悲惨な国際テロを防止するためであっても、テロ容疑者の周辺にインテリジェンスの布石を打つことは厳密に言えば人権の侵害を伴う。

しかし、これは社会の安全を守るために必要な「毒」である。それを容認する以上、①「毒」を用いるには高度のエキスパティーズ（専門技能）が必要である。毒は一匙でなくてはならない。②「毒」を解毒する社会的装置を備えなくてはならない。民主主義の枠内に毒を使いこなすシステムを構築する工夫である。

毒があるから解毒作用が起きる。両作用の拮抗で生命体は活力を保つ。闘う民主主義が育つ。本書は前著の続編ではない。ごく一部重複する部分はあるが、相互に独立した著述のつもりである。ただ、インテリジェンスの持つ毒性と、その解毒装置の必要性を説くことは両著に共通する通奏低音である。

私はベートーヴェンの交響曲の中で、「英雄」や「運命」よりも「田園」が好きなのだが、第一楽章に流れる羊飼いのバグパイプを聴くと、いつも持続低音の確かさに気持ちが温かくなる。インテリジェンスについても原点を見失うことなく、その機能を考えたいと願っている。

必ずしも適切妥当な対比ではないが、米国の中東政策には例えば「サウジアラビアをどうするか」という能動要素がある。北朝鮮についても相手の出方に応じて硬軟の政策を組み合わせて選択する懐の深さを持っている。我が国に同じ発想はできない。国力の違いは歴然としている。「どうする？」という能動要素がなくて、「どうなる？」という一歩ひいたポジションになるのはやむを得ない力量にある。しかし、だからと言って①状況追随的になっている。②政策決定のための情報ニーズが政府にない、という現状の悪循環は断ち切らなければならない。自前のインテリジェンス機能を養うことによって、国家の進路を考えることは働き盛りの壮年層にも、これからの日本をになう青年層にも展望をもたらすと思う。

知性によって日本人を閉塞感から解き放ちたい。

ここ二、三年の間に日本のインテリジェンスをめぐる議論は広範な盛り上がりを見せている。私も二〇〇五年四月、外務省に設置された「対外情報機能強化に関する懇談会」の座長をつとめているのだが、日本の国際的な地位に見合った情報力を持とうとする官民のニーズを強く感じ取っている。背景として、イラクへの自衛隊派遣、小泉首相の二度にわたる北朝鮮訪問、そして中国における反日デモ、どれをとっても「我が国は何を根拠に、どんな目算で対外政策を決めているのだろうか」と国民は不審に思い、かつ物足りなさを感じている。小説、映画、評論あるいはノンフィクションの形をとって、インテリジェンスを取り上げるのは流行ですらある。

私は時流に乗ろうとする気分は全くない。むしろ一介の情報マンとして、こういう時こそ静かにインテリジェンスに付随する効用と陥穽を読者諸賢にご判断いただきたいと願っている。現状はあまりに貧弱だ。と言って将来の姿が見えているわけでもない。「本当はどうなっているんだ?」、「相手側の本音はどうなんだ?」。この疑問を日本人の英知を集めて探求して行こう。そのための有効なシステムを提言したい。国民の納得を得る外交政策を展開するためにはインテリジェンスが必要である。

本書を一冊、都立両国高校以来の友人、白川俊一君の墓前に供えます。彼は名前のとおり俊才で、私より一年早く東大法学部を出て国鉄に入った。解体民営化の前、最後から二番目の秘書課長になった。下町っ子らしく、律儀で繊細利発だったが、強情っぱりでもあった。樋口一葉の『たけくらべ』に出てくる信如みたいだった。

最初のガンは彼の方が早かった。JR西日本に転じて常務の時に脊椎を病んだ。数年後、私は食道ガンの宣告を受けた。二人とも生き延びて語り合った。「あのまま死んでいたら、わけの分からない人生だったよなぁ。今度は少しましな死に方をしたいものだ」と。

二度目のガンも彼の方が早かった。膵臓ガンが腹膜に転移して二〇〇四年一二月、先に逝ってしまった。彼は翌年四月に発生したJR西日本の脱線大惨事を見ていない。いつ、どのように死ぬか、は自分では選べない。生きている者が、生きている限り友の想いを担うしかない。

私は白川俊一君との約束を守って「少しましな死に方」をするために本書を書いた。

第一章　インテリジェンスの前庭で

インテリジェンスとは何か

インテリジェンスの本丸に入る前に、その前庭《フロント・ヤード》で少し準備運動をしよう。

竹中工務店に勤務した山口信吾さんが書いた『普通のサラリーマンが2年でシングルになる方法』（日経ビジネス人文庫）という本がある。山口さんは合理的な練習方法を工夫して五十九歳でハンディ8になったそうだ。私などハンディ12までは二回行ったが、その都度ずるずると後退した身の上なので四歳年下の山口さんの著書に飛びついて精読した。ここでゴルフの話をしようというのではないが、感心したのはこの本の議論の立て方《プレゼンテーション》である。山口さんのゴルフの序論から三点採用させていただこう。

第一点は、まず努力してシングルになると「良いこと」があります、と説き起こしていることである。シングルになればホームコースで、あるいは他コースのシングルたちとの付き合いで、いかにプライドをもって楽しく、長くゴルフを続けられるかを冒頭に書いている。

インテリジェンスについても目的と効用を明確にすることから始めよう。インテリジェンス、あるいは情報機関というと人は何か暗い、重苦しい印象をお持ちかも知れない。また、往々にしてインテリジェンスの必要を説く者は、だから日本人はダメなんだとか、戦後の日本には重大な懈怠《けたい》があったとか、説教をたれては欲求不満をぶちまけて終わっている。私は日本もインテリジェンスの能力を持つべきだ（敗戦までは、それなりに持っていたのだから取り戻す、と言うべきかも知れない）と早くから主張してきた一人であるし、そう主張することに情熱を傾けている。しかし、ここは悲憤慷慨することなくクールな姿勢で、インテリジェンスについて前向きの明るい目標を設定することから始めたい。

対米追随感と対中無力感

インテリジェンスには様々な階層があることは後に述べるが、日本という国家を主体としてインテリジェンスを考える場合、その目的と動機は明白である。日本が独自のインテリジェンスを運用して、独自の情報を収集するようになれば（もちろん、自由主義陣営諸国との情報共有に加えての独自性である)、独自の政策を持つことができる。そうなれば、十分な背景を知らされないままに米国の行動にイエス、イエスと賛同しているのではないかという対米追随感、中国にいいように翻弄されているのではないかという対中無力感、つまり現代の日本人、とくに若い世代を覆っている閉塞感を払拭することができる。もとより現実の国際政治で全くの対米フリーハンドの行動は不可能であるし、実益もない。しかし、自分の眼で見、自分の頭で考えたうえで、時として妥協することは納得のいくことだし、精神衛生にもよいことだ。独自の情報を所有して初めて米国との政策上の取引《トレードオフ》も可能になる。

山口さんのプレゼンテーションに学ぶ第二点は、仕事の経験を生かしてゴルフをしようと言っていることである。私の先輩で最高学府を出て官僚として出世もした男だが、ゴルフとなると「身体に覚えさせるんだ」などと喚《わめ》いて〝修行者のように〟練習場で打ちまくる人物がいた。十代の若者ならともかく、いい年になってそんなことをしても意味がない。ゴルフのよきコーチを得るのも、よきパートナーを得るのも〝人脈〟であるし、だいいち我々は学生時代から、そして会社(組織)に入ってからも、目標を立てて、その進展を点検しつつ、なるべくスムーズに実現にこぎつけるという仕事の仕方を身に付けてきたではないか。仕事の経験を生かそう。それはゴルフの上達は別種の錬磨だなどと信じ込んでアタマを真っ白にしてはいけません。それは知的《インテリジエント》なやり方ではありません。

インテリジェンスについても、多くの人が、「007」ジェームズ・ボンドの世界でしょう、密室に置いてある金庫の中まで見えるそうですね、などと夢みたいなことを言う。近時、エレクトロニクスの発達により室内の話し声の波動を拾ったり、超指向性の集音マイクが開発されたりしているのは事実だが、それはインテリジェンスのごく一部であって情報収集の手段は昔から伝わる泥臭い、地道な方法の組み合わせがほとんどである。

その意味でインテリジェンスは企業の営業活動（とくにマーケッティング）に一番似ている。つまり、社交的な言辞の裏に隠されている相手側の真意を見抜く点、当方の強みを意識させることによって相手側（あるいはマーケット）の潜在的な欲望を掘り起こして引き寄せる点、時代のトレンドを読んで「次の一手」を模索する点などが共通している。詳細は後にゆずるとして、ゴルフでもインテリジェンスでも思い入れ過剰は正確な理解を妨げる。ゴルフにもインテリジェンスにもそれぞれの理論《セオリー》と技術《スキル》がある。

自己を押し殺す美学

しかし、それはまっとうな社会人のビジネス感覚でカバーできるものである。インテリジェンスについて国民の多くが幻想のような理解にとどまっているかぎり、ごく一部の「専門家」の専横を許すことになるし、〝世界に冠たる情報音痴・日本〟の汚名は返上できない。ビジネス・アズ・ユージュアル、いつも通りのビジネスの延長として私は現代におけるインテリジェンスのあり方を幅広い各層と議論してみたい。

山口さんのプレゼンテーションに倣う第三点は、これはレッスン教本ではありません、ぼくの上達物語なのです、と言っていることである。山口さんはレッスン書やレッスンビデオを捨ててしまったと述べている。その代わり、いろいろ試行錯誤しては行き詰まって悩み、我が選んだコーチの助言を受けながら工夫して解決した内容を〝企業秘密〟も含めて開示したと言う。

私もこの方法に倣おう。私の経験では危機管理にせよ、インテリジェンスにせよ、概説書は啓蒙と宣伝の役割はあるにしても、実社会の修羅場では役に立たない。一般的なノウハウで窮状をしのげるほど現実は甘くないだろう。松のことは松に習え、竹のことは竹に習え、というではないか。長年打ち込んで来た本業に従事する者が一番くわしいはずだ。レッスン教本には頼らない。辛酸をなめなめ身につけた地力以外に頼れる業《わざ》はない。私は警察大学校でも消防大学校でも、これまでの経歴に自信を持とう、それをベースにして一歩踏み出して苦難に当たろうと講義している。自分で悩み、課題を背負わなければ「理屈」は「地力」に転換しない。

ここで一言お断りをしなければならない。琵琶湖カントリー倶楽部の何番ホールで右の池に打ち込んでしまった、股関節を45度しっかり捻っていなかったからだ、と山口さんが書けば（私は行ったことがないコースだが）十分にビジュアル的で分かりやすい。私も学者ではなし、理論家でもなし、できるだけ実際の経験にもとづいてインテリジェンスの実像をお伝えしたい。が、限界がある。インテリジェンスは千代の富士のような「力士」に似ている。勝って解説せず、負けて言い訳せず、喜怒哀楽を表さず、怪我をしても絆創膏を貼らず、押し殺した美学で生きるのである。過去を露骨には語れない。いきおい、状況の説明のために他人の著書や小説、映画などを引用することになる。前著でもそれで「面白くないな」とコメントした政治部記者OBがいた。私はニンマリした。ゴルファーがナイスショットをしてバンカーにつかまる、コースの悪口を言う、それを聞いているコース設計者の心境である。「その時、官邸はどう動いた？」を取材して〝面白い話〟を書くのは政治部記者のお仕事である。私はインテリジェンスにおける「ぼくの上達物語」を淡々と記そう。試行錯誤や手痛い失敗を率直に振り返りつつ〝企業秘密〟もいくつか交えてお伝えすることにしよう。

節度のない内幕話はいたしかねます。さりげなく、しかし洞察力に富んで……それがインテリジェンスの性格に沿っていると思う。

分析と判断

雑誌「選択」の連載を始める時に編集長（当時）の阿部重夫さんが「最初にインテリジェンスとインフォメーションの違いを書いてください」と言った。私は「そんな、太陽と月くらい違うものをわざわざ書いて原稿料は貰えませんよ」と答えたのだが、結果はこのくだりが一番読者の反応がよかった。米国のＣＩＡのＩがインフォメーションではなく、インテリジェンスである意味が初めて分かったという声もあった。そこで本書でも少し丁寧にインテリジェンスとは何か？　を考えよう。

前著で私は「敵対勢力あるいはライバルについての秘密情報をインテリジェンスといって、単なるインフォメーションとは区別する」という神戸大学名誉教授・吉田一彦氏の定義（『暗号戦争』小学館）を採った。次に「対象側が隠している本音や実態すなわち機密（中国語では絶密）を当方のニーズに合わせて探り出す合目的的な活動がインテリジェンスである」と敷衍《ふえん》した。

これでよいと思うのだが、若干の補足をしたい。インフォメーションと異なり、インテリジェンスは「探り出す」機能だから入手したナマ情報（原材料）は不完全である。そこで、これは何を意味するのかという分析と判断（「評価」と呼んでいる）を加えることになる。このように入手→評価→報告という一連の処理過程（プロセス）を経ることになる。そしてインテリジェンスは合目的的な活動だから、最初に何のために如何なる情報が必要か、というニーズ（情報関心）が設定されていなくてはならない。「評価」を加えられた情報は権限を有する者に伝達《デリバー》されて意思決定の有力な素材となる……これがインテリジェンス・サイクルである。情報にもとづいて意思決定（政策）を実施すれば、それがどういう反応をもたらしたか掌握したいという新たなニーズを発生させるから、ふたたび情報入手に着手する、かくてインテリジェンス・サイクルは螺旋状《スパイラル》に発展する。こう書くとなにか難しそうに聞こえるが別に複雑な筋道ではない。

「恋のベテラン」たれ

恋愛の話をしよう。恋心を抱けば相手が自分のことをどう思っているか、知りたくなる（これがニーズである）。若いときはストレートに聞き出すこともある。気の弱い男性（または女性）、あるいは中年以降の恋する人は大胆になれない。こうした場合に昔から使われる手段は、気心の知れた、気の利いた第三者（業界用語で「仲介的な協力者」と呼ぶ）に相手の本心を訊いてもらうことである。好きとか嫌いとか、はっきり返事してくれれば分かりやすい。そうでない場合は、言葉遣いとか表情とか仕草から判断しなくてはならない。誤ることなく、この判断を行える人は恋のベテランである。恋愛の経験が豊富で、男女の心理のアヤの読める人でなければ「評価」はできない。インテリジェンス評価には経験にもとづく「人間行動」の考察力が必要である（恋愛についてのインテリジェンス・サイクルの発展は省略しよう）。

人類の、あるいは男と女の誕生以来、他者の本心を探ろうとする欲求は存在した。部族を形成すると、隣の部族が攻めてこないか、味方の中に敵と呼応する者がいないか、探り出さなくてはならない。これは集団の生存本能に由来する。インテリジェンスと呼ばれる機能は、かくて古くかつ新しく時代とともに、民族とともに用いられて来た。インテリジェンスの巧拙により興亡が決し、勝者と敗者が出現した繰り返しは歴史の教えるところである。

砲弾なき知恵の戦い

男女間の話から集団相互の関係まで、つまり個人、組織（企業、地域、大学などなど）、国家（あるいは国家群）など多くの階層にわたって、対立的もしくは敵対的な相手の真意を探ろうとするインテリジェンスは存在したし、今後も存在する。それは個人A対税務署、日本企業B対米国司法当局といった具合に、たすき掛け的にも発生する。同一階層における企業対企業の熾烈なインテリジェンスといえば、私の年配では昔、田宮二郎が演じた「黒の試走車《テストカー》」という映画を思い出す。ライバル会社の新型車を密かに望遠レンズに収めるストーリーが叶順子のお色気も交えて展開された……と記憶する。それは昔の話。現代は現代の企業間でコンペティティヴなインテリジェンスが国境の内外を問わず戦われている。

そう、戦いである。インテリジェンスは戦場で砲弾を撃ち合うことはないが、厳しく勝敗を決する戦いである。時として生存と尊厳をかけた戦いである。

ご留意いただきたいのは、インテリジェンスは弱者の味方ともなりうることである。有効な情報をタイミングよく入手したおかげで、弱小国が大国の大軍を首尾よく破った事例は、信長の桶狭間の一戦をはじめ戦史に数多く記録されている。インテリジェンスは生き抜くための知恵の戦い。決して権力の道具ではない。誰が、どうインテリジェンスを活用するか、がカギである。

インテリジェンスという言葉の使い方でスポーツの類例《メタファー》を引こう。現下のサッカーブームに先んじていち早く一九七〇年代にドイツへサッカー留学して、公式のサッカーコーチライセンスを取得、専業《プロ》のコーチとなった湯浅健二さんがいる。私は湯浅さんのリーダー論に感銘を受けて、全国の警察幹部を教育する警察大学校の特別講師に推薦させていただいた。著書『サッカー監督という仕事』（新潮社）も面白い。この本の中で湯浅さんは、相手が最終勝負を仕掛けた瞬間の「フラットライン」でいかに味方の陣形（ポジションバランス）を維持するか、という実地のインテリジェンスにとっても身につまされる問題を提起しておられる。後ほど再度引用させていただく。前掲書の中で、湯浅さんはインテリジェンスという言葉を一回は、「柔軟な理解力（インテリジェンス）」と使い、もう一回は中田（英寿《ヒデ》）選手のことを「プロとしての考え方（インテリジェンス）も並外れたレベルにある」というふうに使っている。「インテリジェンス」の用語として湯浅さんの使い方が英語のテストで何点になるかは知らないが、生きたインテリジェンス論としては真に正鵠《せいこく》を得ている。

巷の雑報こそ大事

インテリジェンスとインフォメーションの関係について一言したい。東京駅やディズニーランドの案内所は「インフォメーション」である。天気予報も一般的には「インフォメーション」である。ここから「インフォメーション」とは簡単に手に入るもの、価値の低いものといった性格付けをする向きがあるが間違いである。

私はインフォメーションとインテリジェンスを対立的にとらえ、インテリジェンスを上位に置くのは間違いだと考える。インフォメーションを丹念に精査することによって、またインフォメーションを種々組み立てることによってターゲットの概念図を描くことができる。その上で、足りないものは何か？　それを追求するのがインテリジェンスである。天気予報も株価も入手の目的とタイミングによってはインテリジェンスになる。全力でインフォメーションを研究し尽くす、その延長上に初めてインテリジェンスが機能するのだと思う。

北朝鮮について米国の専門家たちと情報交換すると想定しよう。米側は情報衛星による写真とか、潜水艦を領海近くに接近させて傍受した電波とか、パキスタン政府を督励して入手した文書とか〝決定的《ディサイシヴ》〟なデータを土台とした立論を投げかけてくる。我が方は非特異《オーディナリー》な手段によってかき集めたインフォメーションを基盤として、それに分析による付加価値をつけて応酬するのである。

分《ぶ》はよくないが、全くの負け戦でもない。気象状況から人の往来、一般報道など我々は集中分析している。加えて米国の幹部は政治任命で、頭はいいかも知れないが二〜三年の任期である。我々はまがりなりにも政府中枢で三十数年のキャリアを積んでいる。人名でも地名でも、それらの変化でも日常的に見聞きして生活している積み重ねは大きい。たとえて言えば、米国の分析方法は現代の医者に似ている。検査数値というデータだけで病状を判断する。我々は患者との触診と問診を斟酌して判断する。その点は米側も了解《リスペクト》している。

私の結論は、インテリジェンスを志す者はインフォメーションを粗末にしてはならない、ということである。インフォメーションはインフォーと略して呼ばれる。「インフォーを軽視するな」と戒めたい。

もっとも、米国のディサイシヴ情報に対して日本がインフォー集積で応酬できるのは北東アジア、せいぜい東南アジアの一部に関してであって国際情勢一般となると巨人と小人のごとく日本の情報能力は格差をつけられているのである。我が国も「決定的な検査数値」を入手できる技術的な手段を整備しなくてはならない。

第二章　内閣情報調査室の仕事

内閣情報調査室とは

内調の本体は実働八十人ほどの人員で、国際部、国内部、経済部、総務部などに分かれている。編成や部の名称はその時々のニーズに応じて変わる。小さい組織だから常にリソース・シフトして時の課題に対応しようとする知恵が働く。

各部の長（部長）を主幹と呼ぶ慣わしである。国際部主幹の下には米州班、ロシア班、朝鮮半島班などがある。こうした地域担当の他に軍事班、交換班などがある。交換班というのは海外友好機関との情報交換を専門に行うセクションである。

最近は映画や小説に、内閣情報調査室のこうした固有名詞が登場し、それだけである種の効果が醸されるらしい。内調も一人前になったものだ。

ここで日本の情報組織を概観しておこう。合同情報会議と称する情報連絡会議がある。隔週、首相官邸内で開催される。事務の官房副長官が主催し、内閣危機管理監のほか内閣情報官、公安調査庁次長、防衛庁防衛局長、外務省国際情報統括官、警察庁警備局長が出席する。議題の選定など会議の庶務は内調で行っている。

同名の会議（ＪＩＣ）は英国に存在する。これは英国のインテリジェンス・サイクルの中に明確な位置づけを持ち、政府として情報統合を行うための確立した機構である。一方、日本の場合は非公式な連絡会議で、議事録も作成しないし情報の評価や結論づけをしない。その意味で未だ不十分だが、意思疎通の場として一定の役割を果たしているのも事実である。

この会議の出席メンバーが日本の情報コミュニティを構成している、というのが一応の見方である。ただし、日本では、国の安全保障に関する情報活動の内容が定義されていないから、経済官庁を含めて情報担当を名乗る省庁がばらばらに多数ある、というのが実態である。アジアにもこんな国家は見当たらない。米国のＣＩＡなどは日本から入れ替わり立ち替わり「インテリジェンス代表」が来訪するから当惑もするし、ほくそ笑んでもいることだろう。日本は足元を見られている。

その中で、まず公安調査庁であるが、前身は戦後つくられた。ドイツの憲法擁護庁（BFV）と同じ発想で、現行憲法秩序を破壊しようとする思想団体の調査・規制を目的とするが、あのオウム真理教を解散せしめられなかったことから実効性に疑問を抱かれるに至った。公安調査庁を廃止して、人員を外務省あるいは内調に移管せよという主張があるが、情報組織論として申せば、私は不同意である。人員の量的増加だけで新しい情報機能が生まれるとは思えない。

内閣情報調査室については本書に詳述する通りだが、これも公然情報の整理と内外関係者との情報交換を主たる活動にしており、対外工作を仕掛けるという意味でのインテリジェンス機関ではない。したがって、内調も「対外情報庁」の母体にはなりえないと判断する。

外務省については言うまでもないが、世界各地に大使館や総領事館を有し、外交公電という通信手段を持っている。近時、多国間交渉や邦人保護の事務がふえて情報の人員不足が目立つようだ。私見では、外務省としての情報活動をどこまで行うか、低成長時代の企業に倣って「選択と集中」の決断を迫られていると思う。情報活動の分野でもアウト・ソーシングやNPO、NGOとの連携によって人員の不足を補う工夫が必要である。

防衛庁の情報機能は将来、注目にあたいする。もともとが内部で陸海空のカベが厚い組織だが、情報本部を作り、それを統幕に置き、更に長官直轄にして情報の迅速な集約を図っている。

各任国における防衛駐在官（いわゆる武官）の活動も制約の多い現状だが、努力習練を重ねて世界を見る目を養ってほしい。そのような制約に加え、防衛庁のもう一つの問題点は政治（官邸）との接点である。いかに迅速に、また事実そのものを偏り《バイアス》なしに報告伝達するかが課題である。

日本の情報機関の中で「警察庁警備局を司令塔とする公安警察は優秀だ」というのは事実であったし、今でもある程度、事実である。全国をくまなくカバーするネットを持ち、全警察官（二十六万人）の中から適任者を選抜できるという強みもある。また、いちはやく各地の大使館にアタッシェ等を派遣して国際化を進めたので、国際テロの時代への対応も早かった。公安警察のターゲットは戦後の歴史とともに変遷してきたが、国際テロと対日有害活動（各種のスパイ活動）の取締りが主要な柱になるであろうことは先進諸国の示す潮流でもある。

他方、インテリジェンスから見た最近の公安警察の問題点は、①安保闘争、成田闘争の後、大規模騒乱がなくなった。公安主役の時代は終わった　②不法滞在者の対策などに流用されたために、対諜報の焦点《フォーカス》が鈍った　③「朝鮮外事」と呼ばれた分野では、平壌《ピョンヤン》直結の情報だけが意味を持つ状況となった　④冷戦終結後、ソ連中心だったターゲットが拡散した　⑤日本赤軍が消滅したため、イスラム過激派との接点がつかみ難くなった。部内要因としては、⑥ここでも世代の断層が起きた、といった諸点であろう。

安全無害な「お役所」か

私が辞令をもらって内閣情報調査室（内調）に着任したのは一九九三年三月八日、月曜日だった。もとより、こんな日付に意味はない。前任者が重篤な病に倒れたので急遽私が後任に起用されただけの話である。しかし、結果として面白いタイミングとなった。内政では金丸信（前）自民党副総裁が前々日の土曜日に四億円の脱税で逮捕された。自宅と事務所の金庫から多額の無記名債券と金の延べ棒が押収されて世間は騒然となった。七月の総選挙で自民党の単独政権が崩壊し、五五年体制が終焉を迎える四ヶ月前のことである。

外政では三月一二日、北朝鮮が核不拡散条約（ＮＰＴ）からの脱退を表明した。今日に至るまで続いている北朝鮮核疑惑の発火点である（北朝鮮をめぐる緊迫した一連の動向については後ほど一章を設けて検証するので、ここでは内政にしぼって記述したい）。

世論はざわざわと高揚していた。私はあるいはと、ほのかな期待をもって登庁したのだが、内調はいつも通りの「お役所」だった。地殻の激動にも反応を見せない、日常性そのものの「お役所」だった。私は落胆しなかった。内調勤務は初めてだったが、警察庁の警備局に長くいたから内調のレベルなり評価は耳に入っていたからである。

四年間内調の室長をつとめて、レベルアップさせたとか、活性化させたとか申すつもりは全くない。らちもない自慢話を語るほど人生は長くないし、それよりも情報をめぐる日本の状況は凍り付いたように不毛である。その現状をありのままにお伝えして素直に訴えたい、それが本旨である。

もっとも、ものは考えようで内調は無害な組織である。最近少し名が知られて週刊誌の読み物や小説で内調のことを大げさに、あるいは日本の謀略機関であるかの如く書き立てる向きがある。「人はなぜ、わけ知り顔をして謀略史観を仕立て上げたがるのか？」は、皮肉以上に人類史の興味ある研究課題ではあるが、どうせなら少しでもリアリティのあるお話の方がよい。現代の日本には「その現実」がないのだから、いくら書き手が力んでみても謀略話は空想の所産にしかならない。トム・クランシーなど米国の政治小説はそれなりにリアリティを感ずるが、日本には雄大な国際政治の背景がない。そもそも日本の政治には謀略性がないし（利権をめぐる裏話はあるようだが）、ことにテレビ時代に入ってから大臣や議員がカメラに向かってあっけらかんとしゃべりまくるから奥行きがない。対中、対北朝鮮外交など〝正直〟過ぎて肌寒くなる。

後に第四章でふれるように、内調は尾行、張り込みを基本としたフィールド・オペレーション（実技）をしない。デスクワークだけである。加えて内調には「謀略」を行う動機も資金も人材も保秘体制もない。安全で無害、日本の政治風土に適していたと言える。

私はそれだけでは駄目だ、と考える。国家にはある種の凄《すご》みが必要である。平穏平和はいいが、すぐ隣で、すぐ次の瞬間に何が起こるか察知しないで国家の責めを果たせるはずがない。国家には謀略性は要らないが、目的を達成するための作戦行動能力（オペレーショナビリティ）は具有しなくてはいけない。どんな企業でも目標を設定したら、歯を食いしばってオペレーションを遂行する能力を持つのでなければ、すぐ負け犬になってしまうのと同じである。国家の凄みなどと言うと、また戦争の話かと眉をひそめる方もあろう。しかし、ある日本人がロンドンに行って「おれは日本赤軍だ。ＩＲＡ（アイルランド共和国軍）と接触しに来た」などとホラを吹いて酒を呑み、深夜にホテルに帰ったら室内の荷物が全て点検されていた……。英国における実話である。

宮沢総理のミッション

日本国内でオペレーショナビリティが必要だと感じた事例を紹介しよう。前年に初めて外国にＰＫＯ部隊を送り出した一九九三年、カンボジアで猖獗をきわめたポル・ポト派に対して支配力をもつタイの将軍が来日中で、宮沢喜一総理が密かに接触を模索されたようだ。この話は前著に書いた。似た頃の話だが、同じく宮沢総理から韓国の朴泰俊《パクテジュン》氏が日本に来ているようだから所在を見つけてほしいと言われた。朴泰俊といえば浦項綜合製鉄の創始者の一人だな、という程度の知識は私にもあった。朴氏は当時の政権と折り合いが悪く、亡命同然の境遇で東京に滞在していたのである。戦前、中国革命を何度も試み、挫折しては日本に亡命していた孫文を日本の官民有志が時に私財まで注ぎこんで支援したのは有名な史実である。亡命した有力リーダーを庇護し、母国へ送り出すのは今日でも米国や英国、あるいは中露などが常用しているオペレーションである。朴氏は後に復活して自民連（自由民主連合）総裁となり、金大中《キムデジュン》大統領当選の原動力となった。二〇〇〇年には首相（国務総理）の座に就いた。

さて、宮沢総理の指示は「朴氏はガーデンプールのついた都心の医療施設にいるらしい」とのことだったが、健康に恵まれて警察官勤務をしてきた私には探し出す手がかりもなかった。後に病を得て病院と縁ができた。なるほど、そういう施設があるものだ。なんとか消息を確かめた朴氏には、宮沢さんとは別の自民党派閥がアプローチしていたようだ。「孫文の時代」は遥か昔となり、日本政府のオペレーショナビリティは失われたのである。必死で走りまわった私は毎度ながら力量不足を悔いた。

所在発見は警察に頼めばいいじゃないか、と思われるかも知れない。いまの警察は犯罪に関係ない人捜しなどしない。それでなくても庶民生活最大の不安要因となっている犯罪の増加がある。身近な犯罪の検挙と防圧に警察は全力をあげてほしい。一度地に堕ちた信頼を回復してほしい。ＯＢの一人として願っている。

これから何度か繰り返すが、犯罪を捜査する警察の機能とインテリジェンスは似ているようで全く異なる。欧米では疑問を抱く人もいないくらい自明のことだが、日本では戦前の内務省が両機能を包括していた歴史的な経緯もあってだろうか、極めて安易に混同されている。米国人にＣＩＡ（米中央情報局）とＦＢＩ（米連邦捜査局）を一緒にしろ、とかＦＢＩにＣＩＡを指揮させろ、などと言ったらのけぞって仰天するだろう。

警察は国民の生命・財産を守るため個別に犯罪を捜査する。インテリジェンスは国益のために対象勢力の内面情報を入手する。近時、テロ犯罪の予防と捜査において両者の活動が重なる部分があるが、それでもテロ集団の背景や全容を探るインテリジェンスと捜査警備は基本的に別種の機能であり、それぞれに許容される手法と手段にも明白な相違がある。この点、第三章で再説する。

金泳三《キムヨンサム》大統領の時に韓国国会に情報委員会が設置され、議会と情報機関との関係を調査するための視察団が日本にも派遣された。超党派の議員四人とスタッフから成るチームだった。

ディスカッションの過程で、ある議員が「内調はなぜ、このように少ない予算と人員で立派な業績をあげているのか」と質問した。正直言って過分な評価でびっくりしたが、後で分かった。内調生え抜きのＵ君が若い頃、韓国陸軍から日本の大学に留学していた同議員の面倒を見ていたそうである。「君は起業家（アントレプレナー）の人間性を見極めて投資するベンチャー・キャピタルと同じ能力があるね」と私は感心した。

韓国要人の実母が日本で非公式に入院しているのを聞き込んでくれた内調マンもいた。所在を確認し、官邸の某首脳の名前で見舞いの花を贈ったところ、確かな反応が伝わってきた。こういう側面での内調のアセット（資産）は結構良いものがある。

米国流キッチンキャビネット

九三年の内政に戻る。七月の総選挙で知性派の宮沢総理がなりふり構わず全国を飛びまわるのを私は見ていた。自民党は過半数割れした。開票速報の中継で梶山静六幹事長が佐藤孝行総務会長に「宮沢はもうダメだな」とささやくのを民放テレビが映し出し、繰り返し流した。この頃から映像情報は決定的な影響力を発揮するにいたった。

新米の私はおろおろしながら河野洋平官房長官、後藤田正晴法務大臣（副総理）、竹下登元総理などの間を行ったり来たりした。知り合って陽気な、愉快な人だなと感じて気が合ったのは連立政権生みの親となった連合の山岸章会長（政治道楽との揶揄もされていた）である。公明党と接点がなかった（今でもないが）ので石田幸四郎委員長に面識を得た。困った時はとにかく人脈。高校の後輩K君が公明党の中堅幹部で、仲介してくれた。

宮沢内閣の不信任案は可決された。小沢一郎氏ら自民党内の動きも刮目に値したが、「公明党の向背が大きかったな」、私の上司の一人はつぶやいた。

宮沢内閣の退陣が決まった夜、石原信雄官房副長官を囲んで五人の室長（外政審議、内政審議、安全保障、広報、情報調査）が集まった。「城を明け渡して浪人だな」、石原さんの言葉に私もうなずいた。短い官邸勤務だったが役人生活、こういう終わり方もある……。

細川護熙《もりひろ》内閣が成立して石原さんは留任。それどころか指南役として重きをなし「影の総理」と呼ばれるまでになった。結局この時、官邸スタッフは誰も代わらず、総理の秘書官でさえ外務省、警察庁、通産省（当時）、大蔵省（当時）から四人出ているうちの二人が「ローテーションの都合」で交代しただけだった。

私は内閣の情報担当は一人一内閣でよいと思う。情報はテーラーメイドというか、カスタマー（注文主）の情報関心に合わせて戦力《リソース・アロケーション》を配分する。指揮官の戦略構想とピッタリ頭の働きが一致していなくては情報参謀は務まらない。大統領制の米国を引き合いにするのはやや不合理だが、米国では情報と広報のトップは大統領と行動を共にする（民主党クリントンから共和党ブッシュ政権まで務めたG・テネットCIA長官のような例外はある）。そして、キッチンキャビネットという言葉があるが、大統領が腹心を集めて台所でだろうが食堂でだろうが協議すれば、その場がそのまま情報分析会議であり、第七章にふれる国家安全保障会議（NSC）

なのである。

日本では事情が異なる。一代一内閣ではないし、官僚は内閣（総理）を選べない。私の自宅（官舎）に電話してこられた総理もいたし、夜中は枕元の電話にかけてくれ、と番号を指示された官房長官もいた。それは信任の問題であって、私が個人的なスタッフになったわけではない。私は五人の総理（宮沢、細川、羽田、村山、橋本の各氏）に同じように仕えて無事に退官した。

内調の初心

内調の歴史に私は通じているわけではないし、それを記述した部内資料も存在しない。

一九五二年に創設されて以来、内調はその時その時の内外情勢に合わせて、かなり形を変えながらある種の働きをしてきたということだろう。創設から今日までを貫く太い棒のような伝統は思い浮かばない。ただし、内調の歴史に詳しい内調ＯＢの春日井邦夫氏によれば、内調創設にたずさわった人びとの間では、内閣に直属し首相官邸にオフィスをおく情報組織を再興しようとする意識が強かったという。

具体的には戦前の一九三七年に制定された内閣情報部官制第一条にある「国策遂行ノ基礎タル情報ニ関スル各庁事務ノ連絡調整」という機能は戦後の日本にも必要だ、とする意識である。

後に「情報組織のあるべき姿」を論ずる際にも取り上げるが、この「初心」は内調が存続する限り思い起こされてよい原点だと思う。

私が感じた職場の気質を比較するならば、警視庁公安部には長い年月の間に鍛え込まれた職人根性があって、「よく戦う者の勝つや、知名もなく勇功もなし」との口伝がある。名利は要らない、功績も要らないのである。内調にはそういう背骨《バックボーン》はない。もともと人員の半数強が各省庁から二年間の約束で来ている出向者だし、求心力の乏しい雑然とした組織である

そうは言っても組織だからやはり生き物で、いくつかの特徴点は備えている。まず誕生が日本の独立回復と同時という点である。スパイ摘発や国際テロ対策で有名（？）な外事警察も、この時期に復活した。内閣の情報組織と外事警察が国家の主権回復と同時に再建されたことは象徴的である。ちなみに自衛隊は占領下の一九五〇年、朝鮮動乱に際しマッカーサー元帥の指令により前身の警察予備隊が創設された。

内調の前身・内閣調査室が三十人ほどの人員で設置されたのは一九五二年四月で、内務省採用の村井順氏が吉田茂総理、緒方竹虎副総理に熱心に説いて賛同を得た。

最初の構想は雄大で「治安関係だけでなく、各省各機関バラバラといってよい内外の情報を一つにまとめて、これを分析、整理する連絡事務機関を内閣に置くべきだ」と吉田総理が閣僚懇談会で発言している。意気込んだ当初の構想が挫折し、矮小化されたのには二つの理由があ

る。

一つはよき理解者で推進者であった緒方竹虎さんが一九五六年に亡くなったことである。朝日新聞出身で戦時中の情報局総裁をつとめたこともある緒方さんは「外務省、国警（いまの警察庁：筆者注）などの同種機関とは全く独立し、総合的な情報活動を行う。各官庁からの情報を収集し内閣調査室の集めた情報はすべて関係各省に流す」と抱負を語っている（毎日新聞・一九五三年一月一〇日）。緒方さんは総理を目前にして急逝した。緒方さんの後、日本の政治家たちは情報（インテリジェンス）に目をつぶって半世紀すぎたが、最近にいたってようやく本来の主張が見られるようになった。

遅滞の壁

もう一つの理由は内閣調査室の運営をめぐって内務省系（警察）と外務省との間で激しい主導権争いが闘われたことで、結果は初代室長村井順さんの失脚にまでおよんだ。霞ヶ関の各省相剋は時として絶望的なくらい深刻である。日本の情報組織発展を妨げている要因の一つが役所間の縄張り争いであることは今日まで変わっていない。

官僚制の縦割り組織が情報伝達を遅滞させる壁《チョーキング・ポイント》である。弱小な内調を率いていて私は何度苦い思いをしたことか。考えてみれば私は四年間の在任中、外務省の公電を見せて貰ったことは一度もない。警察からも重要情報を貰ったことはない。例えばオウム真理教のサリン事件では警察庁の長官や局長が物々しく総理に直接報告していたが、内調なぞには洩らさない。捜査過程や警備は警察の職責だから口をはさむ気もないが、私が関心を有したのはオウムの幹部がひんぱんに訪れていたロシアや北朝鮮の兵器や人員が諸事件にどう関わっていたか、いなかったのか、の一点である。

これだけは外務、警察、防衛、その他政府の各部門が総力を結集して解明すべき重要課題だと思ったが共同作業の機運はなかった。いまなお「真相」は不明。灰色の疑惑だけが残っている。

内調の歴史に戻ろう。村井順さんとならんで日本の情報再建に功績を残しておられるのは山口廣司さん（元警察庁警備局長）だろう。防衛庁に出向して電波情報（シギント　第四章参照）の基盤をつくった方である。空中を飛び交う電波を辛抱づよく追跡するシギント（シグナルズ・インテリジェンス）という仕組みは地味で部内でも注目されなかった。それが、一九八三年、ソ連空軍が大韓航空機を撃墜した状況を日本がキャッチして公開したことにより一躍脚光を浴びた。情報基盤を培うはまさに国家百年の大計なり、が実証された。

生活条件の厳しい僻地でシギント業務に当たっているのは自衛隊員だから防衛庁サイドからは異論が出るのももっともだが、情報の成果を迅速に官邸につなぐシステムとして警察庁のキャリアが内調と兼務する身分でシギントの長を拝命している。

現実派の知識人を支援

発足後、内調が遭遇したのは第一次、第二次ふたつの安保闘争である。六〇年安保当時、私は学生で何回かデモにも参加していたが、私が若かっただけでなく社会全体にエネルギーが溢れていた。六〇年安保闘争こそ戦後日本の路線を日本人が選択した熱い分水嶺だったと今になって思うが、我々一般学生としては戦争（徴兵）の脅威もあり、岸信介内閣の強行採決への怒りもあり、不透明ながら対米ナショナリズムもあって国会をとり囲む大デモとなった。自衛隊の治安出動を検討するなど、守りに入った体制側の危機感は極限に達した。この頃は内調も治安情報に追いまくられて、警察の出先としての役割だったろう。

改訂安保条約が参議院で自然成立し、岸首相が退陣した。事態は急速に沈静化し、池田勇人内閣の高度経済成長路線の下で総中流化、世論の保守化が進んだ。安保闘争の中で学生生活を送った我々安中《あんちゅう》派は挫折感をひきずりつつ社会に出た。柴田翔さんの『されどわれらが日々――』が時代の感性をとらえた。

沖縄返還闘争をはさんで七〇年安保を迎えるが、安全保障論議の深まりとともに現実派と呼ばれる学者・評論家が輩出してくる。中村菊男、高坂正堯《まさたか》、若泉敬、小谷秀二郎といった人たちである。

六〇年安保の体験から政府は現実的な安全保障論議の育成に努めた。窓口となったのが内調である。内調は多くの学者・知識人の結集をはかり論議を普及させた。内調が論者たちを結集できたのには縁の下の力持ち、Sさんという白髪の担当者がいた。「文藝春秋」「中央公論」などの論壇をずっとフォローしていて安全保障論の筆者目録を作っていた。まだパソコンもない時代だが、Sさんは丹念に論壇の流れをデータ化し、「現実派」の台頭をキャッチした。

私は聡明《ブリリアント》な分析者も有用だが、内調にはコツコツと定点観測を続ける職人が必要だと思う。Sさんが退職した後は、その時々の「情報」や「情勢」をしゃべるだけで、後代にデータを残さない勤務者がふえている。

話を本題に戻す。この新しい動きは時代の潮流にも合った。内調は「警察の出先」を脱して、一つの社会的機能を持った。安全保障論の具体的提言を軸に内調も脱皮しようとしていた。

この頃、内調には部内にも役者がいた。国米《こくまい》さんという幹部がいて外務省の課長が「あの人は米国の反対だよ」と言ったのを面白く憶えている。外務省や警察庁にいても夜昼の付き合いを通じて、内調の論客の存在を知っていたものだ。今は小忙しいせいだろうか、内調には自分の名前《バイ・ネーム》で社会に通用する分析家がいない。勉強して論文を書かなくてはいけない。

画期的な新制度「総理報告」

内調には一九五五年から「軍事班」が設けられていた。久住忠男さん（元海軍中佐）がいて、重きをなしておられた。折柄、ベトナム戦争の推移や沖縄基地の役割について専門性に富んだ見解を発表しておられた。嘉手納基地配備のB52爆撃機と米軍による「北爆」との関係などが紙面を賑わせていた。私は日本政府沖縄事務所に勤務する若手だったが「情報のプロになるにはどうしたらいいでしょうか？」と質問した。久住さんは「しっかりしたデータが定期的に机の上に届くようになれば一人前でしょうね」と答えた。

内調の仕事の仕方を根本的に変えたのは中曾根康弘内閣の時、後藤田官房長官の決定により総理報告が始まったことだろう。それまでも「長官報告」の制度はあった（官邸で「長官」といえば官房長官を指す）。しかし、毎週一回三十分、総理大臣に内外の重要事項を自由にレクチャーできるのは大変な職権である。

総理報告と呼んでいるが正確には報告《レポート》ではなくて状況説明《ブリーフィング》である。何をどう話すか題材と手法は、内調室長に任されている。警察庁出身の総理秘書官が記録係で陪席しているだけで、総理とサシの対話だ（官房長官が同席することが稀にあった）。内容は極秘で今まで洩れたことはない。

米国のＣＩＡが大統領に毎朝行っている定例報告《デイリーレポート》の域には達しないが、ようやく先進国なみの体制に近づいた。政府のトップに直接《ダイレクト》かつ定期的《レギュラー》のコンタクトを有するのは情報機関の最低条件である。ただし、これは法律上の制度でもなんでもないから、多忙な総理の時間枠に見合うだけの中身を維持しなくてはならない。毎回が試験《テスト》である。総理報告について私の若干の経験は後にふれる。

最近気になるのは〝内調の成功〟にならってか総理に対する直接報告がふえて、外務省、警察庁だけでなく防衛庁（情報本部）や法務省の公安調査庁等々、チャネルが氾濫していることである。一つの対策として政府与党の中には、総理、官房長官以外に専任の情報大臣を設置して各役所の情報を集約せよ、という声も上がっている。

もともと情報の乏しい国で情報を奪い合うのは悲劇もしくは喜劇である。ましてや、味の薄い情報をバラバラに政策決定者にインプットしていると、戦前の轍《てつ》を踏む。つまり再び国策を過つことになってしまう。

目指すべきモデル

打開策は、能力の高い情報機関を総理大臣直轄組織としてつくる。これに尽きるが、この結論には少なくとも三点の注釈が必要である。

第一点。いかに優秀な情報機関でも常に正しい情報収集をするとは限らない。

情報には吟味と複数の機関によるクロスチェックが必要である。実績を誇るモサドの情報に対してもイスラエル政府首脳は慎重に取捨選択する。モサドが完璧に有能だったら一九七三年、ユダヤ教の祝祭日（ヨム・キップル）にアラブ諸国軍の奇襲攻撃を受けてあわや敗北、という危機に追い込まれることはなかったろう。いくつもの経験を経てモサドの幹部も外務省、軍情報部（AMAN）、国内情報機関（シンベット）などとの情報比較を当然のことと受け入れている。モサドと軍情報部との正当性争いは時として〝暗闘〟の形をとるが、国の存亡を決する重要情報である。激論も当然ある。ダイナミックな審査過程を避けるべきではない。

その意味で今の日本でも、情報機関の設置を認めないなどと主張するのは根本的に間違っている。自由競争と政府上層における融合《フュージョン》プロセスこそ情報《インテリジェンス》の根幹である。

第二点。軍、警察、外務省などが独自の情報機能をもつのは当然である。しかし軍は作戦行動のために、警察は捜査や警備のために、外務省は政策遂行のために実働部門を動かさなくてはならない。組織内の情報部門は、主力である実働部門の行動から自由ではいられない。軍の情報が自軍の位置や作戦目的に制約されて、どうしても自軍に有利な判断をしがちであることは戦史に数多く残されている。

戦争ではないが、一九九六年、駐ペルー日本大使公邸占拠事件の時も外務省は事態の「平和的な解決」のためにＯＤＡを梃子とした外交努力をペルーならびに周辺諸国に必死で働きかけ、着々とその成果が挙がりつつあった。がゆえに、フジモリ大統領の強行突破方針を読みとれなかった。客観的に情報をフォローすることに専念する組織が有用な所以である。

企業でいえば営業部門の方が日常的な情報は入りやすい。しかし、遵法行動《コムプライアンス》関係や顧客からのクレームなどコアとなる情報は調査部門で吸収するシステムにしておかないと大怪我するのと同じである。

第三点。情報は誰に報告すべきか？

九・一一テロ情報の事前掌握に失敗した教訓から米国ではＣＩＡやＦＢＩそして国防総省の情報部（ＤＩＡ）などを統括する国家情報長官（ＤＮＩ）の設置が決定された。情報関係者の多くはこの決定に反対ないし懐疑的である。情報とは最終の意思決定者の手元にストレートに到達したいと願う性質を内在する生き物であって、意思決定力のない人物に到達すると情報は死んでしまう。日本における「情報大臣」構想も同じ評価であるが他方、情報の量は恐るべきスピードで増大している。情報を仕分けし、煮詰めて行くシステムが整備されなくてはならないし、情報統括者の能力ならびに最終意思決定者との距離が問題となる。この永遠の課題に対して各国、各時代でさまざまな制度的な挑戦が行われている。日本の現状では、官房長官以上の「情報大臣」は考え難いが、情報組織の青写真は第七章に論述した。

政策策定に不可欠

内調の仕事に開国的な変化をもたらした新事態は湾岸戦争である。と言うより自衛隊、外務省、官邸をふくめ日本全体が戦後初めて安全保障面で国際政治の修羅場に放り込まれた事態であった。結果はNHK記者・手嶋龍一が著した『一九九一年　日本の敗北』（新潮社）のタイトルに象徴される。荒々しい米国の要求に振りまわされ、国会での論議は観念的な抽象論に終始した。海部俊樹内閣の対応は後手後手にまわり危機管理の準備不足を露呈した。既成事実の追認だけが残り、増税までして日本は九十億ドルの拠出をしたのにクエートから感謝もされなかった。国民の間に疲労と無力感が漂った。

手嶋氏は書いている。「日本政府は多国籍軍に兵を送らなかったが、それなりの開戦情報は得ていた。だが、それらのインテリジェンスを精選し分析を加えて、内閣や党の政策決定者に伝えるシステムはあまりに貧弱だった。そして、海部首相をはじめ要路の人々も、情報の価値の何たるかにひどく鈍感だった」。

そして、東京に長年駐在するイギリス外交官の言葉を引用している。「人の国に情報を頼っていて、どうして独自の外交など望めようか。たとえ、情報を他国に頼ったとしても、自らの力で検証できずに、どうして自国の政策を満足に遂行できるだろうか」。

湾岸戦争の体験は官民ともに次の時代、つまり北朝鮮問題やイラク戦争への対応を形成してゆく転換点となった。湾岸戦争を通して、内調としても従来の枠を破った具体性のある国際情報と軍事情報を求められることとなった。ベトナム戦争当時の「観測」から一歩踏み込んだ「政策のベースとなる情報」を官邸に持ち込もうと努力した。手嶋・前掲書などには全く収録されていないが、当時の森田雄二室長とスタッフたちによる渾身の努力は内調の歴史の一ページを飾るものである。

森田さん自身が才気煥発、かつ在イタリア大使館に勤務した土地カンを活かした。M君というイスラエル留学帰りが情報収集面で貢献した。内調には内閣官房で唯一、陸海空の自衛隊からそれぞれ一佐が出向して来ているが、彼らの矜持と使命感を鼓吹して、兵器と戦術に関する最新情報を集めた。森田さんが開拓した仕事の仕方は今日に至るまで受け継がれている（湾岸戦争から三年、森田雄二は五十代の若さで死去した。かれもガン——膵臓ガンだった）。

内閣情報集約センターの誕生

私が担当した期間、さしたる実績はないが出来事は多かった。一九九五年一月一七日、阪神淡路大地震が発生し最終的に死者六千人を超える大惨事となった。村山富市内閣は囂々《ごうごう》たる非難を浴びた。とりわけ現地からの第一報が速やかに官邸に届かなかった。連休明けの早朝とはいえ官邸の立ち上がりが遅すぎた点が集中砲火を受けた。

事態が一応収まって、総理執務室で対応を協議した時、石原信雄官房副長官が「危機管理臨調を設置して抜本策を打ち出しましょう」と発議してそう決まった。私も「ついに、ようやく」その時期が来たな、と勇み立った。翌日の朝刊を見て驚いた。一夜にして「災害対策会議の設置」へと内容が縮小されていたからである。私は麴町にある後藤田正晴事務所に行って、「社会党内閣のやることはこんなものですよ」と憤懣をぶつけた。「キミ、怒るなよ。大地震対策をやっておけば、突発事件だろうと有事だろうと、どんな非常時の対策にも役立つのだから」。後藤田さんにたしなめられた。

早朝・夜間などにおいても官邸の情報感度を高めるために内閣情報集約センターを設置することになった。私はこの組織を内調に設けることに強く反対した。理由の第一として、情報機関の職務に自然災害関連を取り込むなど世界に類例がない、インテリジェンス任務を逸脱することになると言った。第二に、内調に置くのは他に夜間当直を実施している機関がないから、という消極的な理由付けだったからである。

結局、私は抑え込まれた。諸官庁は国土庁（当時）に即時報告する義務を負うのを嫌ったのである。弱小で、内閣官房にある内調なら連絡しやすい、というのが列強の打算だった。石原副長官からは「災害関連といっても総理に緊急第一報を入れる目覚まし役《ウエークアップ》だけだし、予算と人員は面倒みるから」と説得された。今でも歴史ならびに後輩たちの審判を怖れる気分は残っている。反面、情報集約センターを作ったおかげで、官邸内に二十四時間活動するスペースを確保できたし、気象庁その他主要官庁と災害時にも強い堅固《ロバスト》なネットワークを構築できた。日本および各国の主要通信社とニュース契約ができた。

夜間の体制については内調の内部でも議論があったようだが、二名の宿直制度を維持してくれた先輩たちに感謝したい。情報は二十四時間休みなしだからである。宿直室で寝て、何が起きるか分からない夜間当直など誰もやりたくない。社会が豊かになるにつれ、社会の基盤を支える安全インフラは脆弱になる、という現象は私が大学生の頃に読んだ『ゆたかな社会』（岩波書店）の中でジョン・ケネス・ガルブレイス教授が既に指摘していた。日本の場合、きつい、厳しい仕事を忌避するという文明の一般現象に加えて住宅、交通事情もあって休日や夜間の社会インフラは想像以上に弱体である。警察や救急医療ですら大都市の夜間体制は弱い。阪神淡路大地震の時も国土庁には宿直制度がなく、幹部は皆、郊外の自宅にいた。官邸も夜間は無人だった。

内調の第一子と第二子

内閣情報集約センターには警察、消防、公安調査庁、防衛庁、海上保安庁から人員の出向を求めて五個班二十名の編成でスタートした。当直のローテーション体制では、太平洋戦争における日本軍と米軍のシステムの違いを意識した。旧日本軍のように同一部隊を同一任務に張り付けにするのではなく、米軍方式、つまり当番翌日の非番確保による戦力リフレッシュを計る、次に当番前の待機日を設け、当番日の情勢を学習しておいて即応力を発揮させる。別途、機器の進歩が目まぐるしいので訓練日も重要である、という制度にした。状況により当番員を増減するフレキシブルな運用ができなくてはならない。

以上、いかなる制度も時間の経過とともにマンネリに陥るだろう。創設時のメッセージを時々思い起こしてもらいたくて記した。

おりから官邸機能の強化が叫ばれていた時期で、ドイツや英国の首相官邸機能を視察したレポートもいくつかあった。私はその中から文武責任制、具体的には一般官庁の課長クラスと自衛隊の一佐を両ヘッドとする当直制度を提案したが、あっさり否決された。防衛庁からは「ウチからの出向者だけに過重な負担を負わせるな」と言われた。内閣情報集約センターは情報を集めて総理秘書官等に報告するだけで、緊急時の指示あるいは判断にわたる権限は一切認められていない。すべての危機は権限官庁に遅滞なく報告され空白は生じないというフィクションの上に日本の危機管理は立脚している。

ネーミングにあたっても一問着あった。内閣官房に情報を「集約」する権限があるのか、といった議論である。日本の内閣制度の下では行政権は「内閣」に所在するのであって、総理大臣や官房長官には調整権を除けば固有の権限がないのが実状である。マスコミの描く政治地図とは異なり、権限的には官邸はドーナッツの真ん中のように空白なのである。

こうした議論をつきつめて、法（総理大臣の指揮権）に不備があるなら「国家緊急事態法」でも制定すればよいと思うが、この時も情勢に押されてというべきか、あいまいのまま「内閣情報集約センター」は発足した。複雑な経緯を経て、悪戦苦闘の末に誕生した「内閣情報集約センター」であるが、これが内調の生んだ「第一子」となった。「第二子」はもっと大型で五年後に誕生した。「内閣衛星情報センター」である。経緯は第六章で記述する。第一子、第二子とも苦労しつつ成長している。企業になぞらえれば内調はグループ、連結で業績を問われる組織になった。

発信なくして集積なし

大地震対策を契機にして、官邸の情報収集でいくつか「思想」を転換させた。一つは、情報を必要とする者が情報を自ら取りに行くシステムにしたことである。官邸は「主管官庁から報告がない」とか「報告が遅い」とか一段上の立場で〝情報待ち〟をしていた。

しかし、情報は待っているだけでは急場の間に合わない。そこで、大震災の時には百里基地

（茨城県）から自衛隊の偵察ジェット機を飛ばせて映像を入手することにした。基地に運んで現像してから送信していたのを直接空中から画像を送れるようにしたから、自衛隊にとってもプラスになったはずだ。それにしても要員を宿直させ、格納してある固定翼ないし回転翼機を引き出してエンジンを始動させるのは大仕事である。現場を知れば知るほど、自衛隊をはじめ平穏な市民生活を守る裏方たちに感謝の念を深くする。

情報改革の二番目は民間の力をお借りするようにしたことである。鉄道、電力、電話あるいは警備会社など全国展開している企業の代表者を官邸にお招きして大地震発生時の被害通報をお願いできるようにした。関係省庁からの報告と並行して、民間からも直接現場情報を受ける、あるいは問い合わせできるシステムにしたのである。大地震のショックは大きかったので、社会生活の維持は地域の官民総力をあげて取り組むという機運が盛り上がった。この機運と仕組みは以後引き続いた自然災害の対応に受け継がれたし、有事想定の国民保護法制の検討の際にも生かされたと思う。

情報改革の三番目は報道機関に対して官邸が情報発信する必要性を認識したことである。ショックと混乱で官邸はもっぱら受け身の情報収集に追われていたが、被災地や幅広い関係者の民心安定のためにも総理自らが事態を認識しており、最大限の復旧努力を行っている事実を公開することが必要だった。情報は発信しなければ集まってこない。発信すれば叱責や訂正をふくめて追加情報、関連情報が寄せられて来る。この当たり前の原則が実践されていなかった。大きな反省事項である。

それにしても神戸と東京、たった五三〇キロの距離で大災害の状況が映像も通信も数時間にわたって官民、自治体、マスコミを通じてすべて途絶していたのだから、我々が慣れ親しんだつもりでいる「情報」の怖さを痛感せざるを得ない。

官邸における情報改革の四番目は関係幹部の緊急自動参集を制度化したことである。関係官庁の初動連絡が悪かったとの批判に応えたかたちだが、全国で震度六、東京で震度五以上の地震が発生したら防衛、警察、消防、国土（当時）など関係省庁の局長等は連絡を待つことなく三十分以内に官邸に自動参集するのである。当時の熱気の中で「大森さん、大地震なんてめったにあることじゃないから、これでいきましょうよ」と某君の一言でスタートしたのだが、「めったに起きない」は「いつ起きるかも知れない」と同義であって重い重い心理的負担となった。後に設置された内閣危機管理監も同様だが代理のきかないポストでは一身専属の義務である。しかし、我々は国家の公務員なのだし、その後の中越地震その他の大災害時にこの制度は機能しているのだから、以て瞑すべき任務と言うべきだろう。いずれにせよ、退官した時には心から解放感を味わった。

評価される副業

阪神淡路大地震の被害が甚大だったこと、しかるに行政の対応が著しく遅れ、その原因が情勢掌握と情報の連絡不備にあったことが明らかとなったため政府は善後策の打ち出しに大童《おおわらわ》となった。マスコミの関心も高く、政府（官邸）の情報集約の結節点に内調が指名されたことから内調の機能に注目が集まった。

大災害発生時の緊急立ち上げについて私は官房長官に代わって官邸記者クラブで正規の記者発表を行ったりした。後になるが、「震から一年　災おさまらず『スクープ　内調とは』」といったテレビ番組が放映されたりした。発足以来四十年余、舞台裏の目立たぬ端役で来た内調にとって、これは大展開だった。万年Bクラスで呻吟してきたチームが突如Aクラスに浮上して優勝争いに顔を出したようなものである。私は苦り切った。

着任以来、情報（インテリジェンス）一本で内調を強化したいと努力してきたのだが、本業の方は一向に評価されず、副業というか、できれば回避したいと思っていた自然災害関係で市民権を獲得した形である。テレビや新聞に「内調」の名前が頻繁に引用され、「内調」という組織が存在するのだと初めて知った国民も多かった。

しかし、不思議なものだ。行政の中で明確な位置付けを与えられ、国民生活に直接役立てるというイメージになると古くからいる勤務員もモラールアップしたし、各省もより活動的な人材を派遣してくれるようになった。企業でいえば、傍流の事業部でのヒットが全社に良好なシナジー（相乗効果）をもたらしたということになる。内調室長とは古いけれど規模の小さい会社の「社長」だから、私は渋面の陰で組織が上昇気流に乗ったのを感じ取ってアクセルを踏んだ。事実、一九九五年は一月の大震災に始まってオウム真理教徒による地下鉄サリン事件、沖縄における米兵三人による女児暴行事件など緊迫した事態が続いたが、内調はフットワークよく情報活動を展開した。

タコ壺社会

内調室長に転出することが決まった時、警察庁の後輩が言った。「内調はいいよね。いつでも『大変だ、大変だ』と叫んでいればいいんだから。警察は命がけで現場を処理しなくてはいけないんだけど」……。笑ってすませたが、情報について日本人が割と抱いている感情でもあるようなので、心に残った。

まず警察の幹部諸公には文字通り現場に命をかけることを期待するが、一般企業でも調査とか審査とかを担当するセクションは時として似たような悪罵を浴びるのではないだろうか。「オレたちはどぶ板を踏んで、汗水たらして必死に利益を稼いでいるのに、あいつらは背広姿できれい事ばかり言っている」といったふうな。かつてこの種の感情の最大集積は帝国陸軍であった。陸士・陸大を出た一選抜《いっせんばつ》の秀才たちは参謀本部第一部に配属されて作戦用兵を専管し、第二部に配置された情報将校は第一部の部屋に入室することすら許されなかったという。情報は軽視。戦術と兵卒の生死を左右する作戦参謀だけが（これも彼らがどれだけ戦場に自分の命をかけたか疑問だが）全てを仕切っていたのである。

悲劇、それは学校秀才の作戦参謀たちが情報など無視して、大真面目に戦場での勝敗だけに没頭していたことである。あるいは彼らは「勝つ」ことすら計算しなかったのかも知れない。「戦闘」それ自体が自己目的化していた……。

今に続く、こうした情報観は徹底的に反省されなくてはならないと思うので、「日本人の情報観」の一章を設けて総括するが、あるいは民族性にまで遡る根深い性格なのかも知れない。ただし、私は単純に「情報を重視せよ」と述べて表面上の解決にしようとは思わない。

情報の側にも最低限、①作戦（オペレーション）に役立つ具体性があるか　②作戦の結果を検証するパースペクティヴ（戦略性）を有しているか、の自省は必要である。そしてメカニズムとして情報と作戦の相互作用が行われる組織になっているか、がカギである。

例えば人事であって、情報部門に人材を配置せよ、作戦参謀と情報参謀の人事交流を行え、と主張することは容易だが、実際には専門性、継続性の問題もあって口で言うほど簡単ではない。最終的には民族のカルチャーとか民度にまで及ぶ日本人論となる。「タコ壺社会」は我々の宿痾なのだろうか。いずれにせよ、情報活用の成否が国の興亡を分けたのである。戦後、今日に至るも悪弊は克服されていない。

警察官僚の理想は「偉大な凡人」

警察庁から内閣官房の内調に転籍が決まった時、やはり寂しかった。学生時代に自分で選択した道で、公的生涯を終えようと思っていたからである。

脱線をお許しいただきたい。私は就職の時、A新聞社にも願書を出したのだが、結局警察庁に入った。さしたる信念で決めたのではないが、やはり六〇年安保闘争の安中派としての体験は大きかった。丸山眞男教授の市民派政治学を学んだわけでもないが、社会の動態《ダイナミクス》は法律とか道徳で規定されるものではなく、政治権力や市民パワーをふくむ幾つもの要因のぶつかり合いの力学で決まって行くと感じていた。当時の学生言葉で言えば「合法線の獲得」、つまり現場でいかなる行動が合法なのか、それは他律的に決まっているのではなく、デモ隊や警察やマスコミその他のせめぎ合いの中で生成されて行く、その過程に参加することに興味があった。これは米国を中心とする現代の国際情勢、つまり力の行使があり、理性の呼びかけがあり、転覆勢力があり、それらをリアル・ポリティークとして見て行く視点と、その点だけは変わっていない。

警察から内調に転籍した当時に戻る。一抹の寂しさ、しかし解放感もあった。二度と警察に戻ろうとは思わなかった。熊でも虎でもないが、のっそりと檻から外に出た。解放感の由来は多分二種類あって、一つは「犯罪」を扱う閉じた世界から情報（インテリジェンス）という別の世界へと出て行く人生リセットの感覚だった。もう一つは、いかに人生を生きるかの問題である。警察の幹部は若くして部下を持ち、組織の管理者になる。私も四十歳そこそこの課長で四百人の部下を持ち「そんなことが、よくできますねー」と年長の知人を驚かせたことがある。

こういう仕事の仕方をしているから概ねの警察幹部は自分の個性を抑えて、組織の末端まで気を配って平易かつ世間の常識の範囲で言動をする。中には自分勝手な「理論」を振り回して組織をガタガタにして去る人物もいたが、警察では偉大な凡人に徹することが良き頭領である。時速一〇〇キロの能力を持ちながら四〇キロで安全運転をしているのである。

情報の世界、内調は異なる。即日、米国やイスラエルのベスト&ブライテストと丁々発止わたり合わなくてはならない。国内では総理大臣に直接報告しなくてはならない。知識人、学者、マスコミなど当代一流の人たちと自分の言葉で意見交換しなくてはならない。代理は利かないのである。

私は五十三歳だった。どれほどの頭脳と体力が残っているのか全く自信がなかったが、よし、スロットル全開《フル・スロットル》で行こうと決めた。ただし、私は一〇〇キロの能力しかないのに一二〇キロでとばし続けたのかも知れない。結果は……五年後、突如食道ガンの宣告を受けた。

それは夢にも予期しなかった結末だったが、現職の当時は体力と知力を極限までふりしぼることに何の疑問も抱かなかった。ことさらに特攻隊を賛美するのではないが、人によっては使命に殉じて果てることに恐怖感を忘れる時期というのがあるのではないだろうか。

いま私は平凡な六十代となり、死は怖い。しかし、ある時期ひたすら疾走した熱中体験をもったことを密かに誇りとしている。私の前任者も前々任者もガンで早逝した。死者の胸中を問うても答はないが、お二人ともフル回転の人生であった。

報償費

マスコミ等は「機密費」と呼び慣わしているが、正規には「報償費」しか存在しない。両者がどう違うかは定義の問題でもあるが、今の日本では情報一般に対する謝礼という意味で使用されているから、実体としても「報償費」の方が合っている。つまり、有識者のご意見も、CIAとの付き合いも、少し特別っぽい協力者情報でも全て「情報」として報償費から支出される。タイもイワシもない、すべて「魚」として商売している魚屋みたいなものだ。これでは平板な情報収集しかできない。いや、平板な、〝安全な〟情報活動だけを実施している現状の反映かも知れない。

日露戦争前、陸軍歩兵大尉石光真清《まきよ》は陸軍を退役し、「菊地」と名を変えて民間人になった。ロシア人は写真に撮られることが好きな国民で、「菊地」はハルピンに写真館を設立してシベリア鉄道敷設の状況を探知した。この費用は参謀本部が支弁した。

今の日本では、こうした「機密費」の存在も情報収集システムもありえない、という意味である。

将来、インテリジェンスの経理を誰が監督すればよいのだろう？　決め手はないが、保険診療の内容を長老の医師が審査している現行の医療制度は参考になると思う。

インテリジェンスの経験を有し、目的と手段との均衡を判断できる年配者が候補ではないだろうか。

報償費の使い方では、私も一つの決断をした。それは台湾籍の鄭さんのことだ。鄭さんとは一九六七年、復帰前の沖縄に勤務していた頃に知り合った。当時の沖縄は日本本土と厳重に隔離されていた分、台湾との交流は身近だった。与那国島など八重山地区には台湾の物産を扱う商店があり、鄭さんは沖縄と台湾を往来していた。

鄭さんは私より年上だが、私のことを哥哥《ガーグア》（兄貴）と呼んでいた。

私は一九九三年、内調室長になった時に、思い切って鄭さんを情報協力者に登録して、月十数万円を支出することに決めた。三十年近い鄭さんとの付き合いから鄭さんの情報センスを信頼していたのだが、もし情報的に鄭さんが「外れ」だったらどうするか？　私は躊躇なく鄭さんに支払った報償費を自費で弁済するつもりだった。少し無理があるが、年度末に鄭さんの書いた領収書を破棄して、その分を返戻すればよい。

情報の費用で国に迷惑はかけない。幸い私には親の遺した郊外の宅地がある。オヤジも生涯を官吏として過ごしたから私の「浪費」を苦笑して許すだろうと勝手に考えた。

最初の三年ほど、鄭さんの情報は合否すれすれの評価だった。と言うよりも、外務省も官邸も台湾をことさら無視していたし、まして台湾の軍事能力など関心外だったのである。だが、橋本内閣の時に台湾海峡危機が発生した。

我々は台湾当局との公的な接触を禁じられているから、私の台湾情報はほとんどが鄭さん経由だった。鄭さんが言った。「中国人は面子《メンツ》を重んじますが、相手の面子をつぶすことも好きなんです。李登輝総統が自由選挙のために戒厳令を撤廃したから、大陸は〝逆証明〟のために騒動を起こすでしょうね。ミサイルを撃ち込むだけでなく、金門・馬祖以外の小さな島を占領したりして……。うちの親戚も島に住んでいるから心配で胃が痛いですよ」と。

鄭さんがどういう人脈を台湾で駆使したかは知らない。ただ、台湾当局も米国、次いで日本の理解を得ることに必死だったことは間違いない。そのチャンネルとして懸命に鄭さんのルートを使って情報を流し込んできた。その意図は読めていたが、クールな顔をして情報を扱うのも情報マンのスキルだ。魚心と水心というのか、情報が細いパイプを通って流れるのを実感した。

日本政府として深刻な対応を迫られた台湾海峡危機は終わった。台湾情報に関して橋本総理から過分な評価をいただいた。私はオヤジの財産を散ずることなく、やはりホッとした。鄭さんは私の退官とともに台湾に引き揚げた。

道元の典座教訓

陸上自衛隊からイラクのサマワに派遣された第一次の支援隊長、番匠幸一郎一佐は若いが有能な指揮官だと思った。「GNN（義理・人情・浪花節）でやって来ました」と言った。「おう、いいねぇ、オレも三十年間それで生きてきたんだ」、私は共鳴した。

しかし、内調で私はGNN路線を採らなかった。GNNがインテリジェンスに合わないという理由ではない。むしろ逆で、インテリジェンスとは裏表トータルな人間観察にもとづく心理ゲームなのだから、GNNは大いに研究し、駆使すべきなのだ。番匠一佐が経験談として語るとおり、日本人にもイラク人にもGNNが有効かつ友好的である。

私がＧＮＮを採らなかった理由は、それが既成の大組織において「いい効果」をもたらすマジック・ワードであることを知っていたからである。内調のように毎日走りながら情報稼業に追われている小世帯では組織統治のテクニックにまで手がまわらない。私は組織いじりもしなかった。ただ実践したのは織田信長の単騎駆けである。桶狭間に今川を討つ、謡い終わって信長は単騎走り出した。後を追ったのは五騎、熱田神宮で態勢を整えて善照寺砦に着いたときには二千名ほどの手勢が集合したという。

私の採ったやり方はそう特異ではないだろう。東京の大田区、関西では東大阪市など全国で類例はいくらでもある。小企業零細企業では、とにかく社長が先頭に立って創意をしぼる、工夫を重ねる、いささかでも利益を叩き出す。みんなで必死に努力する過程で結果として人情が通い合う。逆ではないだろう。社長が技術を身につけていれば無言の統治力は更に強い。

半導体の激しい国際競争《ワールド・メガコンペティション》を闘っている日本のエルピーダメモリ㈱・坂本幸雄社長は「社内の何を変えたのでしょうか」と尋かれて答えている。「何かを変えようという考えはなかったです。ただ、自分が先頭になって走り、皆がその後ろ姿を見て仕事をしてほしいと思った。だから難しい対外交渉も、製品の品質問題が発生した時も、すべて自ら出てやりました」（「日経ビジネス」二〇〇五年一月一〇日号）と。続けて坂本さんは語っている。「でも上場したことを機に、これからは皆に仕事を渡しながらやっていきたい。これからは優先順位の高いエリアに、自分の持っている時間をできるだけ割いていかなければならない。そのエリアは間違いなく開発です」と。

統率（ガバナンス）の形態は状況により、人により多様である。成果が挙がればよいのである。私は前任者たちについても後任者たちについても仕事の仕方に関して批判めいたことを言ったことはない。言ってみても意味がない。「他は是、吾にあらず」と道元禅師の『典座《てんぞ》教訓』にある。自分でやらねば自分の作務《さむ》（おつとめ）にならない、という教えである。道元が修行した中国の天童山景徳寺の典座（炊事役僧）はまた「更に何《いず》れの時をか待たん」と言って「今でなくて、いつするというのか」と教えたという。

トラファルガー海戦を指揮したネルソン提督は勝利の直後、戦死した。死ぬ時に「I have done my duty」（私は職責を果たした）との言葉を残した。my duty とは法律上の義務をいうのではなく、天が自分に与えた職分をいうのだ、と司馬遼太郎さんが書いている。

やはり永田町は「嫉妬の海」

その司馬遼太郎さんが土方歳三を主人公に描いた『燃えよ剣』（文藝春秋）という小説がある。私はこのタイトルが好きで、座右の銘にしていた。なぜか？　仕事に打ち込んでいても私の心は晴れなかった。日本の現状では真相をえぐりだすような核心情報は取れないし、たまに掘り出し物を提出しても「ほう、そんなこともあるのか」程度に扱われることが多かった。一向に政策に生かされないのである。私自身も力量不足だった。そういう時、いつも「燃えよ剣」と唱えた。命ぞ燃えよかし。報われなくても命が燃えればいいのだ、と言い聞かせた。

皮肉な考えも頭をかすめた。剣なんか振り回していて、鉛の弾が飛んできたらどうするんだ、と。なにせ大平正芳元総理が「嫉妬の海」と表現した永田町の片隅で仕事するのだから。しかし、私は怖くなかった。鉛の弾が胸板を撃ち貫いたら土方歳三と同じく死するだけだ。私は新撰組が消滅して京を去った後の土方が好きだった。箱館五稜郭まで来たら、その覚悟はできている。

事実、鉛の弾は飛んできた。内調室長として一応の成功を収めてから、むしろ増えて、あちこちから弾は飛んできた。とくに「情報通」をもって自ら任じている一部の向きから執拗だった。私が平気だったのは鈍感さにもよるが、基本的には「知名も勇功も」求めなかったからだと思う。名声とかポストによる報酬とかを期待しなければ怖いものはない。

江畑謙介さんは『情報と国家』(講談社現代新書)の中で情報の読み方として「人間、煩悩を捨てれば真実が見える」、情報を客観的に扱うとは「私利私欲を離れる」と同じだ、と書いている。その通りだが、私は煩悩多き人間で、私利私欲、ヤマ気もあった。ただ長年、情報稼業をしていたので、権力の栄枯盛衰は見えていた。平清盛も平家の公達もよかれと信じてその都度権勢をふるったのだろうが、時は非情に流れた。栄華は束の間である。私は権勢にコミットするよりも観察者の方が性に合った。煩悩を捨てきれない自分自身をふくめて、もう一人の自分が情報として見ているという構図かも知れない。

情報を客観的に扱う習慣《ならわし》は銀行員が一万円札を毎日何百、何千枚扱うことによって札を商品と感じるのと似ているだろう。もちろん札を取り扱ううちに札の魔力に狂わされる人間が出てくるのは、いずこの世界も同じである。

「それこそリアリストの本分だ。（略）原理なんてない、出来事があるだけだ。法則なんてない、状況しかないいんだ。（略）ニヒリスト。そうです、ニヒリストだけが事情通になるのです」（辻原登『発熱』文春文庫）。私の心情に近かった。

後になってだが、食道ガンの手術を受けて四年目、まだ危険水域を脱しない時期に前回摘出した右肩リンパ腺がはれて高熱を発した。医師たちは当然ガンの再発を疑い、私は当時三十万円かかったＰＥＴ（陽電子放射断層撮影）の検査を受けたり、骨ガンの検査（シンチグラフィ撮影）を受けたりした。前回助かった命だから二回目は納得して死ねるというのはウソで、二回目の方が怖かった。検査と治療で二ヶ月間、病床にふせっていて改めて感じた。栄誉とか財とか、ポストとか何になるのだろう。すべては空だが、everything about everything、全てについて全てを知ろうとひたむきに走り回った、あの頃が稚気をも含めて懐かしい、そんな人生で終わるのかなと思った。

新聞のスクラップは重要任務

「内調室長って、どんな生活ですか」と訊かれて「一週間に一度、三十分間総理大臣に会えばいいんですよ。一週間を三十分で暮らすいい男」と冗談で答えたことがある。

総理に会うためにやることは二つあって、一つはあらゆる資料をあさること、一つは人に会うことである。資料は文字通りヤマほどある。新聞、週刊誌、情報誌などの切り抜き、ニュースや特番のビデオ、講演録、メモなどなど。日本語と英語である。単行本は面白そうだが、あきらめて積んでおいた。

「情報の九五%は公刊資料から入手する」と言ったら「お前は役所で新聞ばかり読んでいるそうでガッカリした」と怒った人がいたが、公刊資料についての発言はＣＩＡ長官のセリフを引用したのである。

新聞のスクラップ作りは時間と忍耐、そしてセンスを必要とするハードな仕事だが、従来新人の労働とされていた。私はスクラップ作りのステータスを引き上げて、官邸の中でも価値ある資料になるように、スクラップがタイミングよく要所要所に届くようにした。後でＮＥＣに勤務して認識したのだが、企業内のクリッピング・サービスはよくできている。関係情報を漏らさず拾う広報担当者の意欲が企業の基盤を支えている。ところが、官邸幹部の中には朝夕届くニュースクラップを誰が作っているか認識していない人がいたし、内閣広報室の作業だと思っていた人もいた。オピニオン・リーダーたちの意見を官邸が集約するという機能もそうだが、このあたり情報調査室と広報室の職務分担は見直して内調は情報収集に専念させた方がよいと思う。ただ、従来の経緯もあり（内閣広報室の規模と予算は田中角栄総理の時代に大拡張された）、また内調が独自の毎朝報告（daily bulletin）を作れないという能力の問題もあって、新聞切り抜きは現在の形が続いている。

余談だが、私は一日おきに朝五時半に起きて地下鉄で四駅先のアスレチック・クラブに通い、五キロ走って自転車をこいで、サウナに入るという生活をしていた。九時に出勤し、カロリーメイトを二箱かじる朝食をとりながら新聞切り抜きを丹念に読むことから日課を始めた。その頃は極めて頑健だったから昼飯も夕飯もガンガン食べた。生気にあふれていた。米国だろうが韓国だろうが、バリバリ付き合った。

スクラップの話に戻ると、困ったのは死亡記事がないこと、スポーツ欄がないことだった。退官後、日本経済新聞の岡崎守恭政治部長に言われて夕刊の「あすへの話題」というコラムに半年間毎週エッセーを書いたのだが、岡崎さんに指摘されるまでこの人気コラムの存在を知らなかった。スクラップに載っていなかったからである。

ヤマと積み上げた公刊資料類は休日に出勤して処理する。私の前々任者は冷房の止まったオフィスで丸首シャツ一枚の姿で資料と格闘しているのが「週刊文春」のグラビアを飾ったが、私も同じ格闘をした。四年間の在任中格闘を続けた。「おい、要点だけ報告してくれ」などと警察時代は部下任せだったのが、全部自分で読んでメモをとるのである。これはしんどいが、情報を抽出するために避けて通れないプロセスである。司馬遼太郎さんが書いている（『坂の上の雲』第六巻あとがき、文藝春秋）。「小説の取材ばかりは自分一人でやるしかなく、調べている過程のなかでなにごとかがわかってきたり、考えがまとまったり、さらにもっとも重大なことはその人間なり事態なりを感じたりすることができるわけで、これ以外に自分が書こうとする世界に入りこめる方法がなく、すくなくとも近似値まで迫るのはこれをやってゆくほかにやり方がない」と。

考えてみれば、総理大臣に報告するという業務は新聞記者類似の仕事というよりも作家の仕事に近いのかも知れない。単発のファクトを話すのではなく、世の中の流れを伝えるものだからである。

日外協レポートの問いかけ

情報を仕入れるもう一つの方法、人に会うことを語ろう。やることは単純で朝は朝食会（米国風にパワー・ブレックファストとも言った）、昼はビジネス・ランチ。その間に各国情報担当者に会い、夜は勉強会。勉強会は九時くらいに終わるから、その後マスコミ関係者に会う。マスコミは新聞社、テレビ、出版社などがあるが私は誰とでも会った。トップ屋と呼ばれるフリーランスの記者とも分けへだてなく会った。スキャンダル雑誌と言われていた「噂の真相」とも会った。「警察官僚」とか「キャリア官僚」とかの鎧《よろい》は脱ぎ捨てていたし、向こうが取材ならこっちも取材だ、五分と五分との真剣勝負だ、と思っていた。ただ、ブラック・ジャーナリズムとは一線を画した。我々の方も信用商売だからである。

内調の持っている勉強会は多年にわたる関係者の努力の成果で、よく整っている。一朝一夕に出来るものでなく、組織のレガシー（遺産）である。脱線するが、最近企業ではレガシーコストといって、過去有効だった商品や部門、生産方式が逆に桎梏になっている事例も多い。果敢なる決断が必要なゆえんだが、要は破壊と創造である。レガシーは大切にしつつ、常に乗り越えなくてはならない。イノベーションを成功させるにはリーダーの人格《キャラ》と時代適合性がカギであることは「勝ち組」企業が立証している。

内調の勉強会は毎年ニーズに合わせて新設または継続するのだが、数は二十超ある。日米関係、エネルギー、安全保障といったテーマ別のものと、商社の幹部から時の国際情勢を教示いただく業種別のものとがある。商社研のほかにメーカー研というのも作った。ＮＥＣ、ソニーといったメーカーも海外展開を遂げ世界各地のカントリーリスクに敏感であるし、自然災害や社会暴動の際のリスク対応についてもノウハウの交流の場が求められた。ただし、何事も「人」が揃わないと成功しない。

商社やメーカーの国際情報の関連で申せば、私は社団法人・日本在外企業協会（日外協）の存在と活動に後から気がついた。日外協は海外で活動する日本の主要企業を網羅しており、多方面にわたる研究啓蒙をしているが、その一部門に在外の駐在員と家族のための安全教育がある。湾岸戦争（一九九〇〜九一年）で多くの日本人社員がサダム・フセインの人質とされて生命の危機にさらされ、続いて九六年のペルー。天皇誕生日祝賀の招待を受けて大使公邸に参集した企業人多数が突如テロリストの支配下に拘束された。民間人にとって、まったく理不尽な出来事である。

私は日外協のレポートを読んで愕然として、申し訳なさに一言もなかった。レポートは①相次ぐ人質事案に政府はいかなる対策をとっていたのか　②ペルー事件ではいかなる方針をもってペルー政府と折衝したのか　③ペルー政府の特殊部隊が大使公邸に突入し、その発射した弾丸は人質たちの頭上と身辺をかすめたが日本政府は事前に許可したのか……と悲痛に詰問している。

政府は今日に至るまで説明責任《アカウンタビリティ》を果たしていない。私はペルー事件強行解決の十八日前に退官した。最終まで見届けるべきであったが、一向に見通しが立たないので役所のルールに従って交代した。

この見通しのなさ自体、情報の非力と責められてもやむをえない。最終局面にタッチしていなかったとの理由で日外協の厳しい問いかけを免れようとは思わない。本当に恥ずかしいし、情報が入らない日本が悔しい。ペルー事件については後に再度取り上げるが、ここで最低限、日本在外企業協会などNGOとの交流強化については提言しなければ、あの苦痛にみちた百二十七日間を過ごした方々ならびに関係者に申し訳が立たない。

まず、遺憾ながらこの種の人質事案の再発は避けられない。ペルー事件で同じく人質となった日本大使館員（事件後に退職）が解放後に犯人たちから聞いた話として明かしているが、テロリストが狙ったのは日本もしくはスペインであって、人質を犠牲にしても強行解決に出るのが明白な米国やイスラエルは最初からターゲットではない。事実、米国人人質は早期に釈放している。この日本の脆弱性があるかぎり、日本の在外企業マンとその家族たちは誘拐、人質の脅威から自由たりえない。

しかし、法制面でも、あるいはマスコミをふくめた日本の世論でも当面、劇的変化を見せることはないだろう。したがって我が国が米国、イスラエル同様の強硬《リジッド》な体質に変わることは展望できない。

フジモリ大統領に完敗

この種の危機を回避するためにはどうしたらよいのか。在留邦人と任国政府関係者等が一堂に会するパーティの開催がそもそも問題であるが、情報担当としての私の反省は先ず、犯人である「トゥパック・アマル革命運動」が分からないことだった。同じペルーでも日本赤軍が接触をもった「センデロ・ルミノソ」（輝ける道）についてはデータがあったのだが、この小集団についてはデータがなかった。東京の米国大使館に問い合わせて、米国機関がMRTA（マルタ）と略称するテロ集団についての基礎知識を得る体たらくであった。このスタートから始まって終始、我々は知識と経験を欠いていた。中東アラブ諸国におけるハイジャックと大使館占拠例の蓄積はあったが、ラテンは別だった。カソリック司教の果たす影響力も読めなかった。

私はフジモリ大統領の評伝を分析して、この人は常に逆張りで強気に意表をつく手法で成功してきた人物だから強攻策はありうべし、と予測した。外務省の平和解決展望のアンチテーゼを提出していたのである。しかし、フジモリ氏が顔は日本人でも、やり方はラテン以上のマッチョ（男伊達）で勝負するとは思い及ばなかった。マッチョ気質の実際が分からなかったのだ。

技術面の反省をもう一点だけあげれば、強行突入の成否をにぎるブレークイン・オペレーションを見誤った。私は、公邸突入はイスラエル製の特殊装甲車で前庭の地雷原を踏みつぶして玄関を突破するか、一九八〇年、ロンドンでイラン大使館が占拠された時に英国空軍の特殊部隊SASが突入したように空中からヘリで舞い降りるのだと予測した。

余談だが、英国SASのモットーは三つのS、すなわちSWIFT（速さ）、STRIKE（打撃）、SILENCE（沈黙）であって、一九七七年ルフトハンザ機がハイジャックされた時ソマリアのモガジシオ空港において数名のSAS隊員が史上初めて閃光音響弾（スタン・グレネード）を使用して強行突入した西独特殊部隊を支援したが、作戦成功後、あっという間にSAS隊員は現場から姿を消してしまった。

ペルー大使公邸占拠事件に戻る。ブレークイン・オペレーションについての私の想定は完全に誤った。トンネルを掘って地下から突入するとは考え及ばなかった。チラッとは浮かんだが、作戦用のトンネルを掘れば大量の土砂を運び出さなければならず、それをマスコミの眼から隠蔽することなど不可能だと思って一蹴したのである。日頃抗しがたいマスコミの猛威にさらされている日本の公務員の限界である。

私はブレークインがいずれの方法で行われても銃撃戦の過程で日本人人質に最低でも二割の死者が出ると予測した。最悪のケースでは六割を超えるかも知れないと見積もった。ペルー特殊部隊の練度を過小に評価していた点もある。橋本総理はもともと人質の無事解放を最優先に求めていたし、私の報告は結果として総理の判断を誤らせる方向に働いたと反省している。橋本総理はフジモリ大統領とカナダのトロントで会談した。フジモリ氏は息子と雪合戦している風景をテレビに撮らせ、役者ぶりを全世界に発信した。そして橋本総理の言うことを聞くがごとく聞かないがごとく受け流して、ほどなく強行突入を指令した。日本人人質は全員無事救出された。日本は完敗した。

結果はともかく、情報をもたずODA以外に対策をもたない日本はみじめに完敗した。政府は日外協をはじめ当事者である民間諸団体と交流を深め、教訓を共有して行かないと、このみじめさを繰り返すことになる。民間を「指導」するほど官側に人材も専門知識もないのが寒心にたえないが、官民協力して少しずつでも研究を積み重ねないと取り返しのつかない破局を見るに至るだろう。

ちなみに米国は、日本にどこまで知らせるかは別として、相当程度状況を掌握していたようである。フジモリ大統領自身は米国との関係がよくなかったが、米国機関はペルー軍各方面から情報を入手していた。それは米国が武器を売り、部隊を訓練し、特殊部隊に教官を派遣するなどの過程を通じて幅広く人脈を扶植してきたことの成果である。大統領が日系だからとか、真の友好を深めればといった程度のきれい事では情報は取れない。

国際情勢は連立多元方程式

勉強会は文字通り勉強の場である。いずれも故人だが、高坂正堯さんや香山健一さん（我々には学生運動の指導者として懐かしい名前だ）とテーブルを囲んでお話を拝聴し、時々愚問を発する。先生方は懇切に教授してくれる。これが毎日の仕事なのだから私の半ボケ頭もコチコチと動き出した。

勉強会は情報をゲットする場でもある。内調は国際情報を収集する能力が低いので、有識者たちから最新知識をいただくのである。記憶に残っているケースを一つだけ記したい。カンボジアでPKOの文民警察官が殺害され、民間人も一人殺害された。情勢はどこまで悪化するか、朝野は騒然としていた。例によって我が国には情報がない。悪い予測ばかりが横行、一人歩きしていた。

その時、ある勉強会で国際政治学者の舛添要一さんが発言した。「ウインストン・ロードがカンボジアに行ったから、もう大丈夫でしょう」。私もその小さい記事は切り抜きで見ていた。ウインストン・ロードは駐中国大使を経てクリントン政権の国務次官補（東アジア・太平洋担当）を務めていた。私は舛添さんのように才気煥発でないが、飛んでくる好球をハッシと受け止める程度の感受性はあった。ロード次官補の訪問がなぜカンボジア情勢の混乱収拾を意味するのか、舛添さんは説明しなかったし、私も質問しなかった。直感である。

背景事情として、当時のカンボジア情勢に影響力を持つ国はいくつあっただろう。米国以外に中国、タイ、ベトナム、北朝鮮（シアヌーク殿下のボディガードは全員、強面の北朝鮮機関員だった）などなど……（残念ながら我が日本は復興段階ではともかく修羅場では出番がない）。加えてポル・ポト派をはじめ現地のゲリラ勢力が複雑に絡み合う。したがって、カンボジア情勢を予測するのは連立多元方程式を解こうとするような試みである。しかも、この出題にはすべての変数が与えられているのではない。相当部分の未知数をふくんだままの多元方程式である。

情勢分析にあたる者にとって、この状況は常態である。未知の部分を直感で読み解く、それは熟練したアート（芸ないし芸術）である。直感はヤマカンではない。国際情勢の観察経験、歴史の諸相やワシントン政治の構造についての該博な知識が基礎となって、そこに発明家と同じ閃きが加わってたどりつくインテリジェントな技《スキル》である。

この点も残念ながら現代の日本人には実感できないのだが、こじれた国際紛争のある段階になると、大国は自己の権益擁護を狙いとしつつ、和平の回復を唱えて現状維持《ステータス・クオ》を計る。のちのボスニア紛争の終末期（一九九五年）も米、露、ＥＵ（とくに独）の利益調整が行われた。当事者である小国の願望は無視されるか、都合良く利用される。カンボジアについても米・中間で事態収拾の方向が妥協され、成熟したタイミングでロード訪問が発表された、というのが（多分）舛添さんの直感だったのだろうし、私も「これだ」と思った。

人の意見に賛同することにもリスクを負わねばならない。私は自己責任で舛添さんの見解を採用し使用した。

ほどなくシアヌーク殿下を国王に迎える政治体制が発足し、カンボジア情勢は安定に向かった。

江藤淳の卓説

内調時代に勉強会以外で交誼をいただいた知識人として、江藤淳先生の思い出を記したい。細川護熙さんが総理大臣になって、放っておけばいいと思うのだが、やはり気になるものとみえて世間の細川評を自ら論評した。月刊「文藝春秋」に江藤さんが細川さんのことを「細川さんの目は爬虫類の目」云々と書いており、細川総理は表現はともかく、江藤さんのような責任をもった批評はいいね、との口振りだった。それでは私が会ってみましょう、と請け合ったが江藤さんとは面識がない。内調に戻って尋ねたら古参のN君が「存じ上げています」と言った。これも内調のレガシーで有り難かった。

早速に夜の会食をアレンジしてもらって、私の持っていた最上のカード、銀座の「本店　浜作」の座敷でご高説を承りたいとお願いした。偶然にも江藤さんは慶應義塾の関係で、この店がお気に入りだった。店主も塾員だったのである。場所の設定が半ばを決めるな、と私は思った。

江藤さんは憂国の士かつ酒豪だった。私も当時はいける方だったから日本酒をはさんで何度も江藤さんと大いに論じ合った。気持ちよく酔って、鞄と帽子を忘れられてN君が鎌倉のご自宅にお届けしたこともあった。国事を論じ、また、ご親戚にあたる小和田雅子さんが皇太子妃に決まった頃だったので忌憚のない感慨のほどを承った。

江藤さんは幼時、結核療養のため湘南に転地したが、東京の一中（いまの日比谷高校）に転入し、東京に戻った。元来が江戸っ子で、感情の発露はストレート、時には大爆発する地雷みたいな過激さもあった。大爆発は、例えば内閣の一部が一九九五年に終戦（江藤さんに言わせれば「敗戦」）五十周年式典を計画した時に起こった。

私は「浜作」の雰囲気と酒の効用で、最後までなんとか馬を合わせることができた。

江藤さんとお付き合いしているうちに、先生の前語りに慣れた。それは「家内に話して聞かせたら、こう言うんですよ」というイントロである。我々に語る政治論は奥様相手にリハーサル済みだったのである。その「家内」が学生時代から相愛の同志で、終生最良の理解者であった慶子夫人であることを間もなく知った。突然のガン告知、そして看病むなしく慶子夫人が急逝され、江藤さんが後を追って自裁された時、私は深い哀悼の念と同時に、幸せな生涯をおくられたご夫妻に対し、ある種の羨望すら覚えた。骨太なメッセージは『国家とはなにか』（文藝春秋）等の作品で後世に残るが、同時に慶子夫人との別れを描写した『妻と私』（文藝春秋）という著作もある。

江藤さんの政治論は現行憲法の制定過程の研究から発している。敗戦以来、今日まで米国により日本の主権は各般にわたって制約されている。その下で正統な保守勢力が機能しなかったことが「国家としての自信、民族の誇り、国民の気概を失わせた」。江藤さんは日本の伝統を体現する保守の結集を説いた。

政論は縦横にわたったが、例えば細川内閣の大蔵大臣に自民党の渡辺美智雄代議士（ミッチー）を招聘したらどうか、と私に話された。私は江藤さんの数多い卓説のうち一部を細川総理に報告し、一部は自分の胸中だけに収めておいた。

後に渡辺美智雄氏の自民党脱党騒ぎが起きたが、江藤さんの説とミッチーさんの行動に関連があったのかどうか、私には分からない。

江藤さんが「専門家というのは、ある意味では政権を超える。民主党であろうが共和党であろうが、プロは超える。プロにはプロのインタレスト（権益）があって、これは日米両国にある。プロがプロであるという誇りを守るためには、プロは当然自分の利害をもっている。利益となるものは、いかに政権が代わろうが、民主党だろうが、共和党だろうが、あるいは自民党だろうが、社会党、新進党、青島さんになっても、プロは変わらない」と語っている（『保守とはなにか』文藝春秋）のは私の立場にとってエンカレッジングだった。私は情報の道で更に精進しなくてはいけないない、と自戒した。

第三章　総理報告

人柄が瞭然

「総理報告」について思い出すままに記す。総理大臣報告の制度が始まった経緯と、それが持つ意味合いについては前述した。一九九三年、宮沢喜一さんが私にとって最初の総理であったことは幸運であったと言うべきだろう。なにせ、こちらは何も分からない急造のブリーファーで、先方は百戦錬磨、経験と学識において抜群、かつ英語と仏語の雑誌に目を通している情報通である。一週間に一度、総理とサシで会う三十分の持ち時間をいかにしのぐか、震えが来たが宮沢さんくらい実力の差があると気楽にもなる。負けてもともと、横綱の胸をどーんと借りるのである。

宮沢さんは総理大臣が下僚の報告を聴取するというオーソドックスなスタイルだった。黙って聞いていて、定評ある鋭い質問を一つ、二つする。「北朝鮮のミサイルのペイロード（搭載量）はいくつですか？」と訊かれて質問の意味すら分からず私が敗退した一幕は前著に記した。もう一つ恥をさらせば、学者の献策を紹介したところ「どういう人ですか」と訊かれた。「はぁ、東大教授です」と答えたら、「どういう東大教授ですか」と重ねて訊かれて「うー」と詰まった。詳しい背景や評価を調べておくべきだった！

知性派の宮沢さんが目を血走らせて東奔西走した九三年の総選挙だったが、CHANGE（変化）を求める世論の動きには抗し難かった。

細川護熙さんになってガラリと変わった。「田舎の駅長室みたいだ」と言って総理の執務室を間接照明の幽幻な雰囲気に変え、コーヒー沸かしのセットを置いた。背広を脱いでワイシャツ姿の総理大臣は新鮮だった。自らメモ帳にペンを走らせ、礼儀正しかった。世論は燃え、私も相当に入れ込んだ。

下から上への「ご報告」ではなく、情報の交流としてのビジネス・トークが成り立ったと思った。情報のデリバリーとしては最高の形だと私は感じた。しかし、「細川さんはダメですよ」、同僚である広報担当は当初からささやいていた。就任直後に冷夏に苦しむ稲作農家の視察に行ったのだが、「カメラ・アングルばかり気にしているんですよ」と言った。彼の直感力の方が正しかったようだ。最後まで細川さんは良き聞き手であったが、情報に敏感に反応して行動を起こす情報対応力を失っていった。

細川さんの後をうけた羽田孜《つとむ》総理については短命（二ヵ月）だったこともあり、総理の人柄の良さ以外に覚えていることも少ない。ただ、後半部では小沢一郎・新生党代表が官邸に乗り込んで総理と密談することが増えて、ために総理への我々の報告日程は大幅に遅れた。私は小沢一郎という政治家と一度も会ったことがないが、米国のカーター元大統領が訪朝していた時期などはタイミングよく総理の時間を空けてほしいと願ったものだ。カーター訪朝は羽田内閣総辞職の九日前の出来事だった。

「そうかのう、そうじゃろうのう」と素直に報告を聞いてくれる村山富市さんは最高の聞き手だった。自衛隊を認知し、日米安保条約を有効と認めた経緯は関知しないが、総理として村山さんは日本の安全保障に敏感だった。

「これから皇居に行って来るんじゃ」と鏡も見ないで、しかし丁寧に頭にクシをあてた光景を思い出す。急遽出席したナポリ・サミットで食あたりを起こし「日本男児じゃ、これしきのこと」と自らを励まされたそうで、良き世代の良き日本人として敬愛する。

村山内閣の最初の官房長官・五十嵐広三さんについてはサヨク権威主義みたいなものを感じたが、私の相性が悪かったのかも知れない。改造後の野坂浩賢さんは最高に相性が良かった。

行動する情報マン

おおらかなお人柄だし、私は県警本部長で鳥取に在勤したから、農民運動出身の野坂さんの米子弁《よなご》がよく分かった。

「室長、世話になっとる人がおろう、たまにはご馳走したれぇや」と言ってもらったので、日頃の情報協力者を数人、小料理屋に招いて面目をほどこしたこともあった。

村山内閣最後の夜、内輪の送別会があって、酔うほどに野坂さんは「わしは明日の総辞職に署名せんぞ、衆議院を解散せえ」と持論を持ち出し、村山さんが「おう、お前ひとり残っちょれ」と応じて実に和気藹々《あいあい》だった。村山総理から「和気致祥」の色紙をいただいた。

自民党内閣に戻るとなにかと煩わしいと感じていたので（この予感は正しかった）、私は村山内閣とともに退官したい、退官したら東大の図書館に通って毎日古典を読みたいと願ったが「もうしばらく付き合ってよ」と橋本総理に言われて残留した。「もうしばらく」が一年三ヶ月になった。

「お待たせー」などと言って待合室まで気軽に迎えに来てくれる橋本龍太郎さんは楽しかった。橋本総理とは中国空軍が保有しているスホーイ27戦闘機の数について意見が合わず、二週間越しで「論争」したこともある。

この頃になると、私もさすがに総理報告のベテランとなり、総理との年齢差も小さくなっていた。総理報告にあたっては進め方に決まりはないのだから、メインを三本くらい、サブを五本ほどテーマとして準備しておく。これの並べ方（ラインアップ）にも気を使う。先ず軽いジャブから出すか、最初から本命で勝負に出るか。もっとも橋本さんのように「大森ちゃん、あの件はこうなったよ」と向こうから先にかまされると瞬間に用意していた最大テーマがつぶれる。素知らぬ顔をして「そうですか、ところで」と話題を転換する。

話題の転換の仕方、その際の一言がまた工夫のしどころである。「ニュースステーション」の司会者・久米宏さんのセリフまわしを研究したが、あのように臆面もなくできるはずがない。

総理報告のコツは相手にしゃべらせることである。こちらが講義のようにしゃべり続けるのは愚である。人間誰しも人に聞く話より自分で口に出した言葉の方を覚えているものだ。まして総理大臣となるような人は自意識が強い。周辺の状況を作っておいて「それはこういうことだな」と言ってもらえば「おっしゃる通りでございます」と答えて帰ってくればよい。橋本さんの時も羽田孜さんの時も私は半分しゃべればよいと決めていた。

人間を観察して「ホンモノは愛嬌がある。本田宗一郎さんも、井深大さんも、松下幸之助さんもそうだった」と言った人がいるが、実感がある。話の筋は異なるが、私は総理大臣のところに報告に行く時、愛嬌たっぷりの表情を工夫した。この場合の愛嬌は、私がホンモノだったからではなく、情報という商品をなるべく高価にお買い上げいただくためだった。桂枝雀師匠は「商売用の顔が本物の顔の上に張り付いてますねん」と言っていた。情報商売では品質だけでなく、愛嬌も顧客満足（CS）の大事な要素だと思う。

総理大臣が誰と何分間会ったか、毎日詳細に新聞に載る国が他にあろうとは思われない。東京にある各国大使館では統計をとって権力の研究をしているところもある。それでは総理の動静とは何を根拠にしているのか。私の時は総理の執務室と秘書官溜まりに入る前に「門番」がいて、前田さんという人だった。前田さんがノートに書く人名、肩書き、入りと出の時間、これを総理番の若い記者たちが書き写すのである。

私の秘書は警視庁公安部から来ていたT警部だった。T君は私が総理執務室に入っている間に前田さんと雑談したりして親しくなって、前田さんの尊父の通夜に顔を出したりした。ある時、前田さんに「うちの室長の時間をなるべく長く書いてくださいよ」と頼んだところ「あぁ、いいよ、数分くらい。人の命に関わるわけじゃなし」と前田さんは答えたそうである。私は苦笑した。しかし、室長が総理に信任があるという「事実」が私ならびに内調組織の情報吸引力であり、その「信任度」が総理動静欄の時間で測られるというのも否定できない重さだった。

橋本内閣が誕生した時、外交関係は最悪だった。ワシントン、北京、ソウルその他全て閉塞状態だった。とくにソウルは金泳三大統領のブルーハウス（青瓦台《チョンワデ》）との関係が冷え切っていた。

さまざま模索したあげく、私は自分でソウルに飛んで国家安全企画部の権寧海《クオンヨンヘ》部長と面談した。寒い日で安企部の部長室の窓から山肌に白い雪が舞うのが見えた。権部長が日本の統治時代、自分の家族をふくめ韓国の国民がいかにひどい目にあったか、厳しく論ずるのを私は黙って拝聴した。

余談だが、アジアの国々との付き合いでは訪問時のギフトが欠かせない。この時、私は橋本総理が自ら撮影した写真（サイン入り）を持参した。雲海から朝日が昇る瞬間の、素人離れした作品だった。

東京に戻って私はソウルの感触を外務省の林貞行事務次官に伝達した。私のミッションは終わった。

私の行動が日韓の関係になにがしか貢献したかどうか、分からない。ただ、体験を経て私は、情報機関トップが為すべきこと、為してよいことは情報機関トップどうしの個人としての交流であるとの結論を得た。情報マンは行動しなくてはいけない。

この権部長との会談は実は大勝負だったのだが、私には成算があった。「隠しカード」は警視庁時代から十年以上、夫婦ぐるみで付き合ってきた金《キム》さんの存在である。正式の根回しは極秘にしたのだが、その後でソウルの安企部、金さんのオフィスに電話を入れた。私は一瞬耳を疑った。大相撲の放送が聞こえたからである。彼はＮＨＫの国際放送を聴いていたのである。権部長との会談でも通訳は金さんがつとめてくれた。

日米安保の再定義

一九九六年、橋本内閣が誕生した直後、もう一つの難題は台湾海峡危機だった。台湾が史上初めて直接選挙による総統選を実施、中国は威嚇のためにミサイル四発を発射した。米国は航空母艦二隻から成る大機動部隊を派遣した。

この間の我が国政府の緊張は前著ならびに「This is 読売」九七年八月号「首相官邸が青ざめた日」に記載の通りだから繰り返さない。我々の情報収集について橋本総理が「一番確度の高い情報は大森君のところだった。これはずば抜けていた」と語った（船橋洋一『同盟漂流』岩波書店）そうで、光栄だが私としては職責の一つを果たしただけである。

それよりも、船橋さんの表現を借りるならば日米同盟は漂流していた。

ワシントンに八年半在勤した日本経済新聞の春原剛《すのはらつよし》記者が著した『米朝対立』（日本経済新聞社）の中に、国防次官補（国際安全保障問題担当）チャールズ・フリーマンが後任のジョセフ・ナイ（元ハーバード大学教授）に対して「われわれが恐れるのは、仮に朝鮮半島で戦争になったとき、北朝鮮が日本を脅し、日本がそれに対抗する用意もせず、行動するかわりにその場に〝凍り付いて《フリーズ》〟しまうことだった。それが最悪のシナリオだった。それこそ悪夢であり、それは日米同盟の崩壊にもつながりかねない」と申し継ぐくだりがある。核をめぐって米朝関係が最悪の状態に陥った九四年八月のことである。

米国の日本に対する懸念は我々が海で泳いでいる状況を思い浮かべればよく分かる。横で泳いでいたパートナーが何かの拍子に突如フリーズしてしがみついてきたら泳げる自分も一緒になって溺れてしまう……。

その頃エズラ・ヴォーゲルさんが来日して、米国大使館のエド・リンカーン大使補佐と三人で六本木の街を歩いている時に「日米安保を再定義しませんか」と切り出してきた。別段私だけでなく、各般の人にヴォーゲルさんは打診しに来たのだろうが私は直ちに賛成した。貿易をめぐる日米通商摩擦にはうんざりしていた。安全保障を見直す機運だった。

日米安保の再定義は外務省、防衛庁を中心に交渉が進められ、九六年四月クリントン大統領の来日時、橋本総理との共同宣言として発表された。その中で「両国政府は、国際情勢、とりわけアジア太平洋地域についての情報及び意見の交換を一層強化する」との文言がある。情報の共有（インテリジェンス・シェアリング）が明言されたのである。日本は横で泳いでいてもフリーズして米国にしがみつかない一人前の情報能力を持つことを宣言したのである。

間断ない魔の手

橋本龍太郎さんには総理になる時から中国の女性工作員との噂話がついてまわっていた。私は終始、不介入の態度をつらぬいた。内調にはその種の事項に対する調査能力がないし、どこからも決定的な証拠が出てこない以上動きようもない。公務員として当然という以上に私には情報マンとしての醒めた眼もあったように思う。一般論だが、仮に欠陥があるのなら欠陥をふくめた全てを（warts and all）視ておくことが歴史の証人の役割なのだと心得ていた。

ただ、これが米国ならどうだろう、との不思議な思いはあった。米国で国益にかかわる噂があれば、政治家本人の説明責任はもとより、まず議会が徹底的に糾明するだろう。関係者をどんどん呼んで、峻烈な質問を浴びせたことだろう。議会の他に調査ジャーナリズムも鋭く切り込むし、国家の重要ポスト就任の前にはＦＢＩが調査する権限と責任を法で定めている。

我が国でも「田中角栄金脈」を暴いたのは「文藝春秋」など雑誌ジャーナリズムだった。今回も努力と挑戦が行われたのだろうが、突き崩すような決定打は出てこなかった。

警察が捜査するだろうという庶民の思いはあろうが、警察とか検察は相当の証拠があって、公判廷で有罪を立証できる明確な見通しがない限り事件化に踏み切らない。日本人の完璧主義が輪をかけてことを慎重にする。スパイの関係なら外事警察が視察しているだろうとの憶測もあったが、米国のＦＢＩとは異なる。日頃から政治家が外国人と接触するのを監視などしていたら大問題になる。法的基盤も国家の厳しさも日本には備わっていないのである。

そのうちに一人の中国人女性が現れて「私は北京市公安局に勤務していました」と公言したから、私は日本全体が翻弄され愚弄されているのではないか、と怒りを覚えた。

疑惑だけを掻き立てて、何も解明されず事態は推移した。いつものように。

国会議員としても長い体験をもつ石原慎太郎東京都知事の発言がある。「わかんないねえ。北京とか平壌のコネクションは、もうみんなこれ（親指と人差し指で輪を作る）ですからね」（「週刊新潮」二〇〇五年二月三日号）。これが石原氏の〝放言〟であればむしろ幸いだが、残念ながらこの種の指摘は耳にする。北京とか平壌に限らず他のアジア首都の名前を引きながら、また保守と革新とを問わず広範に……

私が警察とは別の機能として情報機関を整備せよ、と主張する論拠の一つはここにある。一部の国民は認識が薄いようだが、日本は十分に大国である。あらゆる手段と手口を用いて日本のブレーン（頭脳）とハート（心）を支配しようと企てる試みは、諸々の首都から間断なく繰り返されている。これは拉致と同じ、日本の主権に対する侵犯である。国内で違法な資金を受け取ることは法律に違反する犯罪である。外国から資金を受け取って政策を曲げることは法律違反以上の犯罪である。

組織を作れば問題が解決するというものではないが、国権の行使にあたる指導階層は外国からの働きかけに敏感でなければならない。国務大臣をはじめ外交、通商、安全保障など国策に携わる上級公務員、大使などは日本の国家に対してだけ十全の忠誠を誓わなくてはならない。自己の良心と国家の間になんらかの支配を介在させるのは重大な犯罪である。その潔白は常に立証されなくてはならないし、調査・立証のための情報機関設置を国会は率先して議決すべきである。

馴れ合い政治の中で国益が浸食されるのを看過してよいはずがない。

トップ選任のルール

日本の情報機関再建もこの対諜報工作（カウンター・インテリジェンス）からスタートすべきである。急に高望みしても情報工作などできない。やれば大怪我のもとである。国内で政官界に対する外国諸機関からの浸透工作を視察してブロックする、外国において外交や通商交渉での保秘をアシストする、こうした作業に習熟すれば国際社会におけるインテリジェンス工作のレベルが分かってくる。外に向かった積極的な情報収集など次のステップであると認識すべきなのだ。

情報機関が成熟して行くに従って、その長にどういう人物が座るかが問題になる。『対外情報庁』構想」の章で再説するが私は将来、裁判官など司法のベテランが選任されるのが良いと思う。インテリジェンスは常に「毒」の要素を制御しなくてはならないからである。

世界中、情報機関トップ選任にはただ一つルールがある。政治家を任命しないことである。政治家や政治色の強い腹心に情報機関を掌握させるのは共産主義国家もしくは専制国家であって文明国ではない。

内調が現在行っている情報のレベルであれば現行どおり官僚がプロフェッショナル意識をもってあたれば良いと思う。内調は例外なく警察庁から長が出ている。これは固定する必要はなく、私は適任者がいれば経済産業省あたりから起用するのも時に有用だと考える。彼らは三〜五年先の近未来を想定する仕事に慣れているし、「経済界の意見？　それなら私が日本経団連会長に電話して会ってきます」といった具合に行動力がある。警察官僚は組織外の人と会うことに関し極端に臆病だ。加えて、組織の管理者になってしまって「自力行動力」を喪ってしまうキャリアが多い。

ただし、短所は長所でもある。

私は警察から内調室長が出ていることのメリットがいくつかあるとすれば、最大のものは政治に無知なことだと思う。警察庁に入った時から政治的中立を宣誓しているし、会計課などに勤務しなければ（私は勤務していないが）予算で政治家に陳情することもない。いわゆる高級官僚で政治家が好きだなどという者はいない。政治という非条理なものが生理的に嫌いなのだ。ただし、嫌っているうちに政治家になりたいと思う者が出てくる。不思議といえば不思議ではある。

裏工作に関わらず

さて、世間の一部に誤解があるようだが、私が長く在籍した公安警察では政治との接点は全くない。もちろん公安（公共の安全）を守るのが責務だから政治体制の安定には関心がある。新聞の政治面にはよく目を通す。しかし特捜部の検事も同様かと思うが、昔風に言えば「国体の安寧に関心を持つが政体には関わらず」という心境である。個々の政治家に面識はないし、仕事上の借りもない。政治家が悪いことをしたら逮捕して裁判にかければよい。日本国の官僚としてその程度の心意気は持っている。

警察の中でも情報とか捜査の現場にいたので私は〝粗野〟だったかも知れないが、「宮廷官僚」になろうとは思わなかった。「これが真実だ」と信ずるところを歴代総理には割とズケズケ申し上げた。最高権力者たちはストレートボールを好まれたのだと思う。その際、礼譲には十分意を用いたつもりだが、あるいは独りよがりだったかも知れない。いずれにせよ、私は一介の官僚として終始した。

私の前任者は「内調は官邸の組織だから官邸にいる政治家以外には会ってはいけない」と言っていた。私は「本来、国会が情報委員会を設けて国の情報活動を管理すべきだ」との説だし、内閣自体が連立になったから若干フレキシブルにしていたが、結果としては前任者と大差なかった。「情勢を教えてくれ」と依頼された事例はまずないし、ベテラン議員には「お前らは何も知らないくせに」と軽く扱われていたような気がする。

ちなみに私は四年間の在任中に政党本部といえば自民党に三回行っただけだった。一回は情報機能強化のための委員会が開かれ意見を述べた、二回目は学生時代からの友人である加藤紘一君が北朝鮮問題で話をしたいというので政調会長室に行った、三回目は退官挨拶のために加藤君を幹事長室に訪ねた、それだけである。私は五人の総理の下で働いたが退官以後どなたにもお会いしていない。公の関係が終わった後はどなたにもお会いしていない。

内調室長についても週刊誌などの大衆読み物に時々「政治工作のフィクサー」などとして登場するようだ。私の四年間の現実を振り返ると、永田町の「裏工作」などに関わる機会は一度もなかった。警察官から急に飛び込んだド素人に、その種の依頼をする政治家などいない。政治部記者に教わって政治情報をカバーするのは仕事の内だが、私の仕えた五人の総理（宮沢、細川、羽田、村山、橋本の各氏）の顔ぶれからもお分かりのとおり、どなたも政界情報とか派閥情報とかに関心が薄かった。当時は、政務の秘書官など総理の周辺も同様だった。

だいたいが私の任期中に四つの内閣が倒れたのだから、私は政治の才覚もなかったし、親譲りの「政治嫌い」を隠しもしなかった。

ただし、そうは言っても政治と行政の接点で働くのである。たまにはトバッチリが降りかかる。細川内閣が最末期の頃だったろう。私はいくつかの人脈と巡り会うことによって、細川総理の金銭スキャンダルを攻撃する側（この場合は自民党とマスコミ）の情報を入手できる立場になった。

そうした時に細川さんの同窓（上智大学）という某氏から、いきなり「キミは自治省出身だな」と訊かれた。「いいえ、警察庁ですが」と答えたら向こうが狼狽した。そして「いやーご免、ご免。武村正義官房長官（旧自治省出身）の後輩で細川総理の攻撃材料を集めていると疑ったんだ」と釈明した。

この程度の誤解、曲解は永田町周辺では意図して、または意図せずに発生する。気にもしなかったが、「情報稼業は時々、不愉快な泥もかぶるなぁ」と自分を慰めた。

勤めを終えて、私の到達した結論は二点である。①同一組織（内調）が国内情報と対外情報を扱うのはよくない　②官僚には官僚の生き方がある。誇りをもって政治の世界と対峙したらよい。

竹下マジック

政治家とのまことに乏しい交流の中で故・竹下登元総理との関係だけメモワールに残したい。警察官僚として終われば影を訪ねることもなかっただろうが、内調に行って私は竹下さんにお会いしたいと思った。私の叔父（父の弟）である石岡實が佐藤栄作内閣で事務の官房副長官をしていた時に抜擢されて政務の副長官として登場したのが青年代議士・竹下登氏だったそうで、二人は気が合ってクラブを担いで電車に乗って初心者ゴルフに興じたりしたという。

人を介して初めて竹下さんにお目にかかった時、「ぼくと会うといろいろ言われるから叔父さんの話をしてきたと言いなさいよ」と知恵を授かった。

最初にお目にかかってから最後まで元総理は一介の下僚にすぎぬ若輩の私を「大森さん」と丁寧に呼んでくださった。ガサツな人間関係のなかで三十年間過ごしてきた私としては分かっていたが「竹下マジック」にやすやすとはまり、竹下式気配りで人と接しなければいかんなぁ、と思ったが身につかなかった。私は竹下さんと会ったことを誰にも言わなかったし（他の人と会ったことも誰にも言わないが）、竹下さんとの縁を何かに利用しようとしたことも全くなかった。その辺は聡明な元総理に伝わったようで、だんだんと身内の席に入れていただくようになった。しかし、私は竹下さんから「特ダネ」を貰ったことは一度もないし、質問を発したこともあまりなかった。ほとんどの場合、意味不明な竹下流のトークを黙って聞いていた。

それでは何故竹下さんに会っていたかというと私には明確な目的があった。それはナビゲーター、つまり飛行機が飛ぶときに空路を引っ張ってくれるビーコンみたいなものだった。国際も国内も竹下さんの茫漠たる話を頭に入れておけば大局は誤らないだろうという安心感だった。一九八五年のプラザ合意の際の為替をめぐる苦労話を伺ったり、社会党は大切だよ、との述懐を伺ったりした。

たとえば野球場で中継しているテレビのカメラマンは両目を開いて仕事をするのだという。左目でレンズを見る、右目は球場全体の気配を窺うのである。私は左目で個別の情報を追いながら右目で竹下さんの話を取り込んだ。

世田谷区代沢のご自宅にも何回か伺ったが、竹下さんと小人数でお会いしたのはさる割烹（細川総理が思わず〔?〕辞意をもらした場所ともなった）が多かった。先生の時はいつもふくよかな女将が座敷を取り仕切ったが、談たまたま「クリントン」とか「オザワ」とかに及んでも女将はまったく表情一つ変えず、おいしい鰻を卓上にならべた。私も警察官僚を脱して「情報官僚」とか「情報の職人」とか言われ出した頃だが、女将の立ち居振る舞いを見ていて「職人の道は遠きかな」と感じた。

KGBの積極工作

内調の話を締めくくるにあたって触れておかなくてはならない話がある。一九七九年一〇月、KGB（旧ソ連国家保安委員会）の対日工作員レフチェンコ氏が米国に亡命した。彼は「ノーボエ・ブレーミャ」（新時代）誌の東京支局長を名乗っていた。東西冷戦まっ只中の一九五四年、東京でソ連代表部二等書記官ラストボロフの亡命が発生して以来の大事件である。「スパイ事件」となると大騒ぎする向きが多いが諜報戦の華としても、もたらされた情報量の多さからしても大物亡命は大事件である。

　レフチェンコ氏の証言が米国から伝えられて来て、日本におけるKGBの情報協力者の全貌が判明してきた（米下院情報委員会秘密会におけるレフチェンコ氏の証言は一九八二年に公表された）。その中にマスコミを含む民間人と三人の国会議員、政党系団体の事務局員がいた。

　レフチェンコ氏が実施した対日諜報工作の〝会心作〟は「周恩来の遺書」を偽造して日本の某紙に掲載させ、それをまたタス通信が大々的に報道したことである。日中両国民の反目を煽り、日中間にクサビを打ち込むことを狙ったスケールの大きい謀略《オペレーション》である。この種の工作を「アクティヴ・メジャーズ」（積極工作）と呼ぶのだと我々も初めて学んだ。

　レフチェンコ氏の情報協力者リストに内調のX氏の名前があった。私は警視庁公安部の課長だったから、X氏を国家公務員法の守秘義務違反で立件しようと決意した。内調の人間がソ連の「ジャーナリスト」と付き合うのはいいのだが、節度がない。情報の扱い方に緊張感がないのである。ロシア語のコードネームを付けられ、定期的に謝礼を貰っている。

しかし、立件は成功しなかった。外事一課の前に法律実務の壁が厚かった。日本の法制では口頭で秘密を洩らすことは処罰されない。現在も日本企業のハイテク機密が日本人社員によって、あるいは外国人「研修生」によって会社の許可なく持ち出されている。経済産業省などは国産機密の保護に躍起になっているが、未だ「産業スパイ罪」、あるいは「情報窃盗罪」の法制化に至らない。企業は自衛策を講ずるほかないが、当然ながら完全は期しがたい。このため、一部の企業では本人の同意を得た上で、技術者のパスポートを預っている実情があるが、これも問題がある。国家がきちんと国益保護に取り組むべきなのだ。

立件上さらに厄介なことは、文書を持ち出したとしてもマル秘の印が押してあるだけでは秘密漏洩にあたらない。文書が実質的に機密であることが必要という実質秘主義になっている。実質的に機密であるか否かは文書の管理者が判断する。これが最大の難関で、たとえば「防衛庁スパイ事件」（一九七九年）でも管理者（自衛隊幹部）は機密であることを認めれば機密文書管理の責任を問われて最低限、引責辞職となる。捜査側としては有無を言わせぬ証拠を入手しなくてはならないのである。

こうしたゆるゆるの機密保護制度の下で日本の重要機密は流失し、あるいは盗み取られている。

取り締まりとは別に、なぜ日本の情報関係者に情報管理の節度がないか、との課題も浮かんだ。それは個々の情報が集約され国の政策形成に生かされて行くメカニズムがないからではないだろうか。プロ野球の万年下位チームと同じで、ベンチの全員が集中して勝利に向かって意欲を燃やす雰囲気がなければバラバラになってしまう。

関連して申せば、情報関係者の評価が組織内で低いから疎外感をもつ人が少なくない。「ソビエト赤軍の大佐は退役後もこのように処遇されます」と聞かされて〝落ちた〟自衛隊の元将校もいた。個人的には同情にたえない。

情報に携わる者は孤独である。女房子供にも話せない。組織が包み込んでやらないと糸の切れた凧のようになってしまう。

堀栄三・元情報参謀の名前で書かれている『大本営参謀の情報戦記』（文春文庫）は今日なお最適の情報テキストである。実践的な情報技術を述べるとともに「日本の組織が内在的にもちやすい情報に関する問題点」を振り返っている。本の中に「司令部内にいた米軍スパイ」という一章がある。バギオ（フィリピン）に所在した方面軍司令部が日系二世（実は米陸軍大尉）を通訳として雇っていた、しかも敗戦まで正体に気がつかなかったという挿話である。「日本人は実に、情報的におめでたい人種であった。二世で肌の色が同じで、日本語を話せばもう日本人だと思ってしまう。日本人は日本人を疑うことを犯罪と考えている」との記述がある。堀参謀は「日本人よ、情報的にもっともっと成長せよ、そして冷厳であれ、と言わざるを得ない」と記している。この本には「情報なき国家の悲劇」と副題がついている。

公正のために付け加えるならば、日本人の情報管理に甘さが抜けないのはその通りとしても、スパイ組織にスパイが付きまとうのは洋の東西を問わない。英国のMI6からモスコーに亡命したキム・フィルビーは有名だし、CIAの対諜報担当（！）幹部オルドリッチ（通称リック）・エームズが二三〇万（一説では四六〇万）ドルを受け取ってKGBのスパイをしていた事実はCIAを震撼させた。世の人々がスパイ小説やスパイ映画を愛好する理由は意外性とか「スパイ」の人間的苦悩もさることながら、およそ人間が本来抱えている内なる多重性格にどこかで惹かれるからだろうか。

第四章　インテリジェンスの手法

オシントの職人芸・ラヂオプレス

インテリジェンスの手法は従来、人的（ヒューマン）な手段によるものと機械技術（テクノロジー）によるものとに大別して説明が行われているが、最近では公開情報によるオープンソース・インテリジェンス（ＯＳＩＮＴ：オシントと略称する）という分野に独立した地位を与えている。

ＣＩＡでも情報の九五％以上をオシントによって得ていることは前述した。公開情報の素材としては新聞、放送、雑誌、議事録、インターネットなどなど多彩である。自由主義諸国においては当然だが、最近ではロシア、中国などにおいても丹念に、かつ系統的にオープンソースを追っていれば情報の流れはフォローできる。ただし日本の場合、米国と比較しても翻訳能力に格段の差がある。例えば外国のラジオを聞いている米国ＦＢＩＳ（海外放送情報サービス）の豊富な陣容に比べて日本の財団法人・ラヂオプレスは六十人ほどの小世帯であり、聴取場所が国内に限定される。聴取対象も北朝鮮、中国などに重点を絞らざるを得ない。それは仕方ないとしても私はラヂオプレスが与えてくれた「この人物の出現は何年ぶり」とか、「この形態は何年前と同じ」といったコメントに随分助けられたものだ。私が面白いと思ったのは、すぐれたコメントが担当者個人の蓄積したデータベース（多くはメモ帳）や記憶から職人芸的に掘り起こされている事実である。

米国の場合は毎日のデータをデータベースに打ち込む専門のブルーカラーがいる（英語のできる現地人を使っている）。だから分析官が数年で代わっても仕事は一貫できる。日本ではスタッフ全員が「情報」を扱いたがる。そして全員が不完全なデータベースを自分で持っている。

某雑誌の編集長が「あるロシア人に高額の報酬を支払ってロシア軍の現況について執筆してもらった」と語るのを聞いて思わず「へぇ、スパイの手口ですね」と口走ってしまった。オープンソースといってもこの種の灰色情報（グレー・リテラチュア）となると秘密機関によるインテリジェンスなのか報道向けのニューズレターなのか表見的な差はない。客観的には面白い現象だが、日本人に対しても「深層を掘り下げた執筆」の依頼は行われているし、執筆依頼者が政府なのか民間（報道）なのか立場が分離されていない国も多数ある。日本側が仕掛けるときも、仕掛けられたときも要注意。「スパイ行為」と紙一重である。

インターネットについてはエシュロンの問題があるが、これはオシントとは性格が異なるので後にふれる。ここではインターネットが、その匿名性のゆえに組織内の内部告発とか、国によっては反政府的な発言の場になっている事実を指摘して現代の情報戦では欠かせない情報ソースであると言うにとどめよう。

米国テキサス州に「ストラットフォー」という情報サービス会社があって世界中の顧客に最新情報を売り込み、「民間版ＣＩＡ」との高い評価を享受している話は前著で紹介した。私は日本のインテリジェンスの方向として参考にすべきだと信ずる。今の我が国には国際情報戦、あるいはスパイ戦に打って出る度胸も仕組みもない。インターネットで補うのが最善である。しかし、そのためには最低限、十分な英語能力が要るしアラビア語、中国語その他の外国語をネット上で操れるスタッフが整備されねばならない。もちろん語学は道具であって、リアル政治の分析能力が勝負のカギである。

もう一つは日本の持っている唯一の強み（これもいつまで続くか分からないが）である資金力を活かして世界各地からインターネットで良い情報を「買う」ことである。このプロセスを経験している間に分析の専門家たちを養成し、オペレーションの方でも実地のインテリジェンスに乗り出して行く。私は空想的なスパイ物語を議論しているよりも「今すぐできること」に着手するのが早道だと思う。

主流となったシギント

シギント（ＳＩＧＩＮＴ）は、シグナルズ・インテリジェンスの略で空中ないし室内を飛び交う通信を傍受する機能を言う。電話線（海底ケーブル）や光ファイバーからの傍受をも含む。電話あるいはインターネット等の傍受については別に一項を設けて考察する。シギントの始まりは戦争時、敵の交信を傍受して動向を探る試みにあった。日本軍でも主として海軍が「特種情報」の収集に熱心で、米軍の暗号全ては解読できなかったが、発信地とかコールサインを聴き取ることによって概略の動きをつかもうとした。

インテリジェンスの手段としては最も多用され、入手される情報量も一番多いだろう。空中の電波を傍受する手段としては固定基地（いわゆる「象の檻」）のほかに航空機、情報衛星があり近年は潜水艦の効用が高まっている。中国の潜水艦整備に米国が神経をとがらす理由の一半もインテリジェンス戦にある。

エシュロンという制度はアングロ・サクソン系の米・英・カナダ・オーストラリア・ニュージーランドの五ヶ国が連携してシギントの成果を交換しようとするものである。これは世界中をカバーする必要性の他に、情報機関は原則として自国民に対してインテリジェンスを用いてはならないという大原則が存在するために役割分担が為されているという側面もある。独あるいは仏を中心に特に欧州諸国でエシュロンに対する反撥が強く、法律的にも問題が提起されている。冒険家のカメラマンがとったエシュロン施設の写真があるが、人影は見えず、巨大なコンピューター・ストレージ群が写っている。

一方で、エシュロンに限らないが日々収集される膨大なデータを如何に処理して実用に供するかはインテリジェンス機関にとっての課題である。キーワードから関連事項を抽出する検索エンジンとかデータ・マイニングなど民間企業と同じ最新テクノロジーが適用されている。テロ対策としてのシギントが重視されるにつれ、テロを示唆する会話とは何なのか？　を識別するデータ・マイニング・プログラムも高度化している。そう言えば世界で最も多くの数学者を雇っているのは米国NSA（国家安全保障局）であるという。NSAは暗号解読を任務の一つにしている。

エシュロンをはじめ、各国の行っているシギントは個人あるいは企業の私的、商的通信をもターゲットにしている。暗号化など通信セキュリティが進む一方で、各国のシギントも性能を高めているのが現実である。

イミントの長短

イミント（ＩＭＩＮＴ）とは、イマジェリィ・インテリジェンスの略で画像情報を言う。偵察機あるいは情報衛星から他国の施設や軍隊の移動などを撮影する。イミントに関する詳細は江畑謙介氏の好著『情報と国家』に譲ろう。特にブッシュ政権がイラクにおける大量破壊兵器の存在を立証したと称した際のイミントの技術的な限界とあいまいさ、そしてイミントを分析する過程における政治判断の介入などインテリジェンスに特有の「落とし穴」をリアルになぞっている。傾聴に価する。

江畑氏の解説に二点、補足したい。一つは、アル・カイーダでも北朝鮮でも（米国の）情報衛星によって見られている、聴かれていることを当然の前提にして、いかにそれをかいくぐるか、いかにそれを騙すか、のゲームをしている。衛星の周期とか性能を研究ずみである。欺罔《ぎもう》（フェイク）の通信を流したり、偽装（デコイ）の構造物を作ったりは日常茶飯である。北朝鮮が演出した、ミサイル発射間際であるとの〝緊迫ゲーム〟に完全に乗せられたことがあった。

二つは米国防総省によるシャッター・コントロールの問題である。米国の会社から商業用の衛星写真を買った方が安くて解析性能もよい。安定的に入手できるメリットもある。ただし、米国の国益にふれる状況、具体的には米国あるいはイスラエルの軍事行動に関わる写真は写させない。我々が日本の国益のためには、日本独自の安全保障政策のためには、「日の丸衛星」

が必要ですと叫んだ根拠はここにある。

日の丸情報衛星は時間と多額の税金を費消しながら、ようやく前進しつつあるが、祈りにも似た所期の熱い想いを是非実現してもらいたい。

イミントを運用することによって初めて、①何のために情報を求めるか、という目的意識が出てくる　②機密情報をどう管理するか、のシステムが共有される　③自前で、かつコストをかけて入手した重要素材からいかなるポリシーを引き出すか、の政策プロセスが動き出す　④情報を扱うプロが育成され、関係官庁間に情報コミュニティが生まれる（はずである）。

米国が握るマシント

マシント（ＭＡＳＩＮＴ）とは、メジャーメント＆シグナチュアーズ・インテリジェンスの略で、測定情報および特定情報を言う。シギントが耳、イミントが眼とすればマシントは鼻の機能と言える。

マシントの成果の一端は二〇〇五年三月三日の朝日新聞に載っている。米国が北朝鮮周辺で採取した大気中から放射性ガス・クリプトン85が検出されたというもので、沖縄の嘉手納基地から発進した「気象観測機」ＷＣ１３５Ｗの活動が背景にある。北朝鮮が使用済み核燃料棒の再処理を極秘に、しかも寧辺《ヨンビヨン》以外の「第二の核施設」で実行した可能性があるとの解説がついている。

この種の記事はワシントンがよくやる日本人に向けた〝啓蒙的〟なリークの一つで不愉快だが、日本側に対抗手段がない。何を、どんなタイミングで、いかなる媒体を使って日本国民に流すか、全て米国政府に握られている。

マシントの性能に話を戻すと、大気のほか土壌あるいは水質の汚染等も赤外線やレーザーを用いて検知できるという。

人間が主体のヒューミント

ヒューマン・インテリジェンス、略してヒューミント（HUMINT）と呼び、人的情報を言う。教科書風になって恐縮だが、ヒューミントの手法を列挙する。

●リクルート

対象組織内に情報提供者を獲得する手法。獲得の決め手は金銭、内部抗争の利用、移住の約束など。冷戦時代はイデオロギーが要因で西側からソ連にリクルートされたインテリもいた。

●亡命者の受け入れ

米国が得意とし、多用する手段。

自発的な亡命もあるし、仕組まれた亡命もある。亡命を装って情報を探りに来る二重スパイ（ダブル・エージェント）の事例もある。

●浸透
情報提供者を対象組織内へ送り込む手法。組織に受け入れられるためにテロ行為などを実践する必要があり、手法として穏当でない。ダーティ・ビジネスとなりやすい。

●脱走者
北朝鮮に脱走した米国陸軍元軍曹チャールズ・ロバート・ジェンキンスさんが有名になったが、脱走者は軍隊に限らない。ただし、脱走の動機はよく吟味する必要がある。

●捕虜
戦争に際しては捕虜、特に降伏した上級幹部は情報の宝庫である。

●渉外（リエーゾン）

外国情報機関との情報交換によって入手するインテリジェンス。日本の現状はリエーゾンに依存せざるを得ない力量にある。

イラクの大量破壊兵器について情報を誤った理由としてＣＩＡは、外国のインテリジェンスに頼ったので情報源に直接あたって検証することができなかったため、と釈明している。確かに、この点は斟酌すべきだが、それでは何故そうなったか、が問題である。

対イラクでインテリジェンスに強い、従って米国が依拠したのは英国、イスラエルは当然としても次が独である。「曲球」(Curveball) というコードネームの情報提供者が存在したと言われる。深層は見えないが、独の連邦情報庁（ＢＮＤ）の力量は高い。二十世紀初頭、英と張りあってベルリン―ビザンティン―バグダッドの３Ｂ政策を推進した歴史の遺産だろうか。今でも対英に比べてイラクにおける対独感情は悪くないのである。一方で米国があれだけ軍事・経済のプレゼンスを擁しながら情報戦の基盤を築けないのだから、インテリジェンスと歴史、インテリジェンスと民族性という課題を考えてしまうのである。

リエーゾンの関連で余談を申せば、一九九六年一〇月来日したＣＩＡのジョン・ドイッチ長官は橋本総理と会見、会談した。

総理の日程は事前に公表し、会見は外務省の飯倉公館で行った。池田行彦外務大臣も同席した。プレスの反応は予想より、あっさりしていた。日本の総理がＣＩＡ長官と公式に会見した初めての機会だった。

ドイッチ長官に同行していた旧知のCIA幹部チャックから「CIAとのリエーゾンに市民権を与えたね」と言われたが、私は同盟国の情報機関が互いにリエーゾンの関係を高いレベルで認知するのは自然なことだと考えていた。

●ケースオフィサー

九・一一テロの発生を許してしまった後、議会等の特別委員会がCIAの問題点を調査研究しているが、概要を報じた「USA TODAY」紙二〇〇四年九月二二日号からご紹介する。それによれば米国の年間インテリジェンス予算四百億ドルのうちヒューミントに当てられるのは一%以下である。だが、これだけではヒューミントが軽視されているとは言えない。情報衛星ならびに打ち上げロケットに巨費がかかるし、人件費を喰うのはシギントと暗号解読で、いずれも労働集約的な仕事である。

アル・カイーダなどのテロ組織にヒューミントを仕掛けることを任務とするケースオフィサーは世界中で約一千名が配置されている。これはFBIがニューヨーク市に持っている要員の数と同数である。ケースオフィサーの絶対数は少ないが、それでも増加しており、CIAのオペレーション局全体では四千名となっている。

ケースオフィサーは通常、各地の大使館に外交官として配置されている。いくつかのカバー（貝殻《シエル》）会社の社員という身分で民間人ということになっているオフィサーもいてＮＯＣｓ（ノックス：Non Official Covers）と呼ばれている。

テロ対策のケースオフィサーを増やすのは急務であるが、男または女の新人を一人前のケースオフィサーに育て上げるのには最低でも七年間かかる。七年の中には外地での見習い勤務二年間を含む。勇退したＯＢたちを再活用するのが手っ取り早いが、彼らの多くは冷戦時代のソ連ないし東欧のスペシャリストであって、言葉ひとつとってもイラクやアフガニスタンでは使えない。ＣＩＡは時代の転換に適応できないシステム・ミスに陥ってしまった。

「USA TODAY」紙からの引用は以上だが、私はＣＩＡの局長（女性）から直接聞いたことがある。彼女は「一人前のケースオフィサー養成にはジェットパイロットの場合よりも時間とカネがかかる」と言った。

ケースオフィサーが現場で最も必要とし、かつ有効なのは尾行（動かない尾行としての張り込みを含む）の技術である。これは極めて難しい。

訓練を積んだ、例えばＫＧＢのエージェントを尾行するのは至難の技で、点検（カウンター・サーベイランス）されたらサッと電信柱の陰に隠れるといったマンガ映画のような光景はありえない。プロフェッショナルな尾行には一対Ｎ（Ｎは数個班）の立体的な体制が必要で、かつ失尾（尾行に失敗すること）を避けるためには勇気をもって放尾（尾行を打ち切ること）せよ、と先輩から口伝えで教えられたものだ。

尾行・張り込みは刑事でも公安でも警察ではむしろ基本に属する技術であるが、前述したように内閣情報調査室では尾行などのフィールド・オペレーションを全く行わない。デスクワークで入手できるのは「情勢」であって、インテリジェンスではない。それでは、どうするべきか？　私は今の内調に尾行などをやらせることに否定的である。フィールド・オペレーションを国際レベルの技術で展開するためには、組織の体質も訓練も全く変えなくては始まらないからである。

さて、尾行の次に必要かつ有効な技術は、いわゆる「盗聴」である。論述しにくいテーマだが、本書では何事も逃げず、考えを開陳してみたい。

「盗聴」なき国

二〇〇一年の九・一一テロから三年経って日本経済新聞が特集を組んでいるが（〇四年九月一〇日）、その中で英コントロール・リスクス・グループ日本法人社長の山崎正晴氏が次のように述べている。「テロの実行を効果的に阻止するための法の枠組み作りを急ぐ時だ。日本だけでなく各国は、国民の合意のもと、リスクを回避する効果と、金銭面やプライバシー侵害などのコストのバランスを見極めることが課題となる。／成果を上げている例では、英国や東南アジアが合法的な盗聴で多くのテロを未然に摘発している。日本が躊躇する分野だが、容疑者を狙い撃ちでき効果が高い」。

用語にこだわれば、山崎氏の言う「合法的盗聴」はおかしい。日本以外のどの国でも合法的なものは「電話傍受」と呼ぶ。その点は後に触れるとして、論旨は山崎氏の主張される通りである。

他方、アル・カイーダの一味が新潟にいたことがフランスからの通報で初めて分かったことに国の内外とも愕然とした。私は日本の国法を犯していない外国人がテロ組織の一員であるか否かを調査するのは、本来インテリジェンスの仕事であって警察の職務であるとは思わない。まして、海外のアル・カイーダから度々不審な国際電話が掛かっていたではないか、との指摘に至っては現状の日本警察はいかんともし難いことだろう。山崎氏の提言を真剣に検討すべきなのだ。

もう一つ。北朝鮮の高速不審船が海保、海自に追われて自沈した後、引き揚げられた船体から携帯電話が回収され、日本の暴力団との通話記録が判明した。いまの日本に分かるのは、ここまでである。山崎氏の提言が実現していれば、と再び思う。

電話傍受に限らない。一九九六年発生の駐ペルー日本大使公邸人質事件に関連して塩野七生さんがコメントしている（「フォーサイト」一九九八年三月号）。ペルー国家情報局は事件発生の一週間後にはすでに、公邸内の盗聴システムを完成させていた、かたや日本では外務省と首相官邸の対策本部などハード面での組織づくりだけは完璧であった、この差は如何と。塩野さんの論の細部は事実と異なる箇所があるが、ご指摘はグサリと来る。彼女は書いている。「情報とは、黙っていても入ってくるものと、キャッチしなければ得られないものとに分れる。そして、価値ある情報は後者であることが多い」と。

さて、通信の傍受には二種類ある。司法的傍受と行政的傍受である。マネーロンダリング防止のために国際的な圧力を受けて日本でもようやく、極めて厳格な手続きの下に法制化されたのは司法的傍受（の一部）であって、刑事犯罪の容疑が疎明された場合に裁判官が発布する令状の執行として警察など捜査機関が実施する。

行政的傍受は日本では認められていない。しかし、この制度のない先進主要国は存在しない。内務大臣または司法大臣、ニュージーランドなどでは総理大臣の書面による許可状によってインテリジェンス機関が実施する。傍受の対象はインテリジェンスの対象である。分かりやすい例を挙げれば、冷戦時代のソ連大使館、館員ならびにソ連の指示で動いている自国民は傍受の対象である。

そんな制度を認めれば行政府がめちゃめちゃな乱用をするのではないか、との懸念を日本人一般は持つだろう。だが、米国でも英国でもそうした乱用の批判は全くない。

なぜならば、制度の監督は国民の代表たる議会の権能である。行政府は議会の情報委員会に行政的傍受を実施した件数を報告する。求められれば委員会の秘密会で内容を説明する。関係する議員と公務員は刑事罰で担保された特別の守秘義務を負う。議会が否決した場合は傍受のオペレーションは直ちに中止する。当然ながら正規の許可状によらない傍受は盗聴であって、実行した公務員は刑事訴追される。

最終的には、国民は行政的傍受に関し情報公開を求めて訴訟を起こすことが出来る。その場合、裁判所は政府側が傍受を行う実益と傍受を受ける国民の人権（プライバシー）とを具体的に較量して裁定する。どこの国においても行政的傍受の制度自体が否定された判例はない。

行政的傍受は例えばモスコーにおいて、同じというか、もっと荒っぽい盗聴を受忍している事態に対する当然の対抗措置と考えられている。インテリジェンスは砲弾の飛び交わない戦いである。守るべきは守る、攻める時は攻める、これなくして国家と国民の主権は成り立たない。日本に行政的傍受がないということは日本にインテリジェンス機能がないということであり、すなわち日本にインテリジェンスを実施する機関がないということである。

市民と情報機関のせめぎ合い

司法的傍受はもとより、行政的傍受も厳格な実定法の制定によって運営すべきであって今日の我が国には実施の基盤がない。私はすぐに行政的傍受を行え、などと主張する気は全くない。セキュリティ（社会の安全）が脅かされる、その深刻度に比例して対策はエスカレートさせればよいのであって米国や英国の真似をする必要はない。なにも起きていないのに通信傍受法を制定しようなどと言えば、例によって「恋人たちの愛の会話が官憲に盗聴される、ああ気持ち悪い」といった情緒的な反対論が渦巻くだけである。

ただし、凄惨なテロが発生してから組織を作り、法律を作っても間に合わない。現状で為すべきはテロで深刻な犠牲を払っている諸国が何を悩み、どんな対策をとっているか、よく研究し我が国の有事に備えておくことだ。日本だけが永遠にテロと無縁だと信じる人はいないだろう。

私はこの点、若い研究者たちの実証的な研究に教えられている。一例を挙げれば、慶應義塾大学の土屋大洋《もとひろ》助教授（一九七〇年生まれ）の『ネット・ポリティックス』（岩波書店）である。同書は米国ならびに欧州において、電話やインターネット等の通信傍受を行うことによってテロ情報を入手しようとするインテリジェンス対プライバシーを守ろうとする市民サイドのせめぎ合いを法律と技術の両面から考究している。

土屋さんは二〇〇一年ワシントンＤＣに居住し、九月一一日はサンフランシスコのホテルにいた。必然的にテロ対策をめぐる激しい議論を身近に体験する。最終的に制定されたテロ対策法はＵＳＡパトリオット法と呼ばれる。この場合のＵＳＡはUniting and Strengthening America の略であり、パトリオットはProviding Appropriate Tools Required to Intercept and Obstruct Terrorism の略である。法の内容は他書の紹介に任せるとして土屋さんの体験を含め前掲書から引用する。「外国人の通信の傍受はこれまでも合法だったが、新法の成立によって、テロの疑いがかかればアメリカ国民の通信の傍受もはるかに簡単になった」。「アメリカ国内で引っ越しをした場合、特定のビザを持つ外国人は一〇日以内に司法省に届け出なくてはならないという新しい規定もできた」。

土屋さんは足を運んだ欧州で次のように記録している。

「ヨーロッパでは、インターネットが普及する以前から、合法的な通信傍受が国民に受け入れられてきた」。「フランスではアメリカよりもずっと高いレベルの国民監視が行われているが、ほとんどの国民は『自分は何も悪いことをしていないから問題ない』という態度だ」。「合法的通信傍受は、ヨーロッパではまったくノーマルな話になっている。すでに法令の一部である。セキュリティの危機がある場合には、国家はその権利を持っている」。

ドイツにおいて「日本ではどのくらいの電話に関する通信傍受が行われているんだい？」と聞かれて、「今のところ数件」と答えたら、「どっと笑い声が上がった」そうである。

土屋さんも指摘するように次世代携帯電話が各国で普及すれば、日本の携帯電話サービスでも国際ローミング（各国のインターネットサービスを受けること）ができるようになる。その場合、米欧諸国は当然のこととしてテロ対策の通信傍受を実施する。日本だけはいつもの概念論議にふけり、マネーロンダリングの時と同じく、また外圧に押されてやむを得ずという形で他国並みに「行政的通信傍受」の制度を採用するのだろうか。

最低コストのテロ予防策

二点付言する。

一、当然ながら情報傍受と市民の権利をめぐる情勢は単純ではない。米国ならびに英国における考え方と法制の推移については原田泉・土屋大洋編著『デジタル・ツナガリ』（NTT出版）の中の「インターネット・コミュニティと安全保障」その他を参照されたい。

二、前掲の山崎正晴氏のコメントが「合法的な盗聴は容疑者を狙い撃ちでき効果が高い」と言っている点に注目して欲しい。我が国はエシュロンのような大規模な通信傍受を行う必要も能力もない。実施するとしても対象を特定したピンポイントの通信傍受しかないわけで、その範囲内で社会の安全を守るインテリジェンスの機能とプライバシーとの相対関係を観念論に流れずに、実務的に検討しておくのがプラクティカルである。検討は国政の場で堂々と行うべきである。

　テロ対策として、空・海港における出入国のチェック強化、具体的には指紋や虹彩を用いたバイオ・メトリクス（生物計測学）による身分確認が我が国でも導入され、効果をあげると思う。日本のコンピューター技術は優秀だからである。しかし、どうしようもない隘路《あいろ》がある。空・海港でテロ容疑者をチェックするためには、常時新しくテロ要員のデータを集めて補充しなくてはシステムが働かない。テロの実行犯は指名手配などされていないのだから、世界中で断片情報を収集しなくてはならない。我が国はこの能力に欠ける。そこで、また米国に頼ることになる。しかし、米国は全ての極秘情報を提供してくれるわけではない。

　したがって私は、日本の国内で容疑者をしぼった後で、「狙い撃ちする」行政的通信傍受が社会的ならびに経済的意味で最もコストの低い、テロ防止の有効手段だと考えている。

第五章　日本人の情報観

我々はなぜ情報に弱いのか

このテーマは、実は新鮮味がない。すでに多くの説明が為されているし、一応の答は分かっているのだから、方針決定の際に冷静に、あるいは勇気をもって情報を探索すればよいだけの話である。しかし、それにも拘わらず日本人は戦争中から、いやもっと昔から、現代の国際政治やビジネスに至るまで同じやり方と失敗を繰り返している。

そこで本書でも、なぜ情報に弱いのか、を先ず概観してみよう。

よく行われている説明の第一は、日本の気候なり風土に起源を求めるものである。温暖多雨、天候予測を模索しなくとも季節は確実に巡る。定住・稲作文化である。「隣百姓」という言葉があるとおり、隣が田植えを始めたら同様の作業をすればよい。

かたや狩猟民族の場合は、その日の天候により常に獲物の習性を研究しなければならない。狩猟にはチームワークと分業が要る。隣の集落と猟場を争わなければならない……。

この説のバリエーションとして、日本人の行動様式が定まった鎌倉時代、三寒四温の気候の下、武士たちは予測に惑わされることなく、とにかくお勤めに支障の生ぜぬよう、その日その日を大切に暮らしたから、との解説もある。

流布している説明の第二は、歴史の事実を指摘するものである。すなわち周囲を海で囲まれ、元寇以外は外敵の侵略を受けたことがないから、「敵」の出方を常に探る習性を養っていない、との説明である。確かに、地域内に異民族（蛮族）、少数民族がせめぎあうヨーロッパや中国とは歴史の状況を異にする。

以上の説に対して、いや日本人は本来情報に弱いなどということはない、との主張もある。戦国大名は互いに隠密を放って敵情を探ったのだし、近代に入ってからも例えば、情報で名を為した軍人は多数いる。

日露戦役時の明石元二郎《もとじろう》、『城下の人』などの手記で有名な石光真清、情報将軍と呼ばれた福島安正など、その事績は今日でも書店や図書館で十分に入手できる。また、それほど知られていないが、和賀正樹『大道商人のアジア』（小学館）を読むと、福建華人の漢方薬行商人となってマレー半島各地で諜報活動にあたったF（藤原岩市）機関員の神本利男（一九〇五〜四四）やインドネシアで行商人に変装して仁丹を売り歩いた陸軍諜報部員の姿が紹介されている。他にも中国、中東、中南米を三度、計十年以上かけて放浪した元陸軍通訳官・山岡光太《みつた》郎《ろう》（一九五九年没）という人もいたそうである。

旧日本軍の宿痾

いずれにせよ、太平洋戦争の記録を読むと日本人および日本型組織の長所と短所が見えてくる。そして、この点の研究は『失敗の本質　日本軍の組織論的研究』（戸部良一ほか　中公文庫）や『連合艦隊の蹉跌　今、改めて問われる日本型組織の限界』（堺屋太一ほか　プレジデント社）をはじめ非常にすぐれたものが出ている。現代のビジネスとだぶらせて教訓を引き出している好論文も多い。こんなに反省と総括の上手な日本人が、それにも拘わらず同じ失敗を繰り返すのは何故だろう？　との新たな疑問が湧き上がるほどだ。

戦争に敗れ、国民は死に、国土を焦土と化したのは事実だから、やはり失敗の原因を追及すべきであろう。原因は多方面にわたるが、ここでは「情報とロジスティクス（補給や輸送）の軽視は日本軍の宿痾であった」との指摘を起点にして考察したい。

参考書は数多いが、旧陸軍ならびに航空自衛隊に在勤した有賀傳《つたお》氏の労作『日本陸海軍の情報機構とその活動』（近代文藝社）に主として依拠する。

本論に入る前に申したいのは、従来「日本人特有の欠陥」とされていたものが必ずしもそうではなく、米英をふくめた万国共通の現象であることが分かってきたことである。ベトナムやイラクにおける米軍の行動を見ても、過剰報復とか性処理とかは戦争あるいは戦闘に必然的に伴う「現象」としか言いようがない。

「軍人は一時代前の戦争を戦う」、つまり昔の戦術や兵器体系に拘泥するというのも共通である。

尊大な上官がいたというが、例えば湾岸戦争時のノーマン・シュワルツコフ将軍は将校を床にひざまずかせて自分の制服にアイロンをかけさせた（デービッド・ハルバースタム『静かなる戦争』ＰＨＰ研究所）というから、尊大な軍人は日本軍だけの特異事象ではないようだ。将軍に威厳と特権が与えられるのは当然である。ただ、日本の場合、狭量・酷薄な性格で恨みをかう上官の存在が問題であった。

情報に関して言えば、イラクの大量破壊兵器が存在すると誤信した理由として米国においても英国においても分析担当者たちが「あるに違いない」とする集団思考（group think）に陥ったと指摘されている。集団思考は日本独特ではないのだな、と感慨を抱くほどだ。

以上を前提にした上で、日本的な特徴を何点か挙げてみたい。

一つ。日本人に情報マインドはある。しかし、状況が煮詰まって追い込まれると、「情報どころではない」と慌ただしく実戦にのめりこむことである。

一八七一（明治四）年の建軍の時すでに、兵部省陸軍参謀局の任務として「機務密謀ニ参画シ地図政誌ヲ編輯シ並ニ間諜通報等ノ事ヲ掌《つかさど》ル」と定めて、情報への指向を明らかにしているし、ずっと下って一九三二（昭和七）年には南京政府（蔣介石軍）が我が空母を攻撃する意図あるのを諜知し、杭州飛行場を先制攻撃した。功績により上海特務機関の山田達也大尉は金鵄勲章を授与されている。

それでは、日本人の情報マインドが吹っ飛ぶのはどういう時だろうか。戦史を見れば、それは日本人がスケジュール闘争を好むからだと分かる。「天長節までにどこを陥せ」、「陸軍記念日にはどの線まで進出すべし」といった命令を受ければ情報とか敵の状況などを気にしていられない。ひたすら突撃あるのみとなる。

ついでに言えば、この種の命令は佐官クラスの参謀が起案して上官が「ウムウム」と裁可するのだろうが、当事者である参謀たちも責任を感じないだろう。なぜならば、戦場の状況を観察、把握して決心しているのではなく、記念日に合わせて適当な目標を設定しているだけだから。かくて無責任な方針が、誰が決めたでもなく前線に示達される。

スケジュール闘争は日本人の変な生真面目さの表れだが、戦略性なきままに目先の陣取りに狂奔するのも、なにか現代企業のシェア争いと似ている気がしてならない。

教条主義という魔物

日本的な特徴の二つは、その組織とくに人事にある。山本五十六が南雲忠一中将を切れなかったとか、人事がなべて年功序列だったとか、日本軍がムラ的な、仲間内の温情主義で運営されていて機能的でなかったことは類書で指摘されている。

開戦の一九四一（昭和一六）年には参謀本部の情報担当、第二部長とその部下の第六課長（欧米担当）がいずれもドイツ駐在の経歴を有するドイツ関係者で占められた。その下で欧米情報よりも対独・伊協力が重視されるに至ったそうで、こうなると思わず笑ってしまう。

気心の知れた、同じ経歴の後輩を部下に配置し、敵（米英）の研究よりも同盟国との友好に腐心する。こういう人事をしていると組織は縮小再生産に入る。そして、こういう仕事の仕方は国際関係にあまりに初心《うぶ》、情報の重要さにあまりに無知と言うほかない。

日本的な特徴の三つは、メカに弱かったことである。

航空母艦、潜水艦、ゼロ戦など短期間に生み出した日本の技術と生産能力は大したものでアジアの奇跡である。それを航空戦隊や連合艦隊として統合運用したソフトも超一流である。

そこまでは、よい。しかし、国民一般はメカに弱かった。米軍では普通だった車の運転さえ特殊技能に数えられていた。海軍において索敵のための写真撮影が必須であるが、写真機を装備していた艦載機は少数で、操縦員はその使用についてなんら訓練を受けていなかったという。日本海軍による航空写真及び写真判読で得た成果はほとんど、とるに足らないものであったのである。

現代企業ではマン・マシーン・インターフェイスは常識である。ハイテク機器を導入する、それによってハイテクが事業のやり方を変える、時にはジャンプさせる。この循環が日本軍には極めて乏しかった。

日本的な特徴の四つは、観念論である。

米軍は「自由、民主主義」を旗に掲げる。日本軍が「東亜新秩序」とか「皇軍不敗」を掲げたのも理解できる。団結と行動のためには、ある種のスローガンは不可欠だからである。しかし、スローガンが観念化して逆に行動を規定してくると悪い意味で宗教の世界である。

日本海軍の悲願は対米七割の艦船能力を保持することであった。その目標が達成に近づくと海軍省は強気になった。さらには、米国の建艦計画が軌道に乗ると再び七割の比率が崩れるから、対米開戦は一九四一（昭和一六）年しかないとまで主張し出す。

この「対米七割なら勝てる」との説は実は海軍内部ですら根拠が証明されていない。さまざまな要素を捨象して、楽観的な条件だけを組み立てて成り立っていたのである。一つの目標だったものが自己目的化し、ドグマ（教条）となった。ドグマが開戦という行動へと組織を突き動かした。

日本人は使命感が強い反面、観念性も強いのかも知れない。プラグマティックなアングロ・サクソンとは異なる。変幻自在、無原則にも見える中国人とも異なる。現実的で複眼思考のユダヤ人とも異なる。観念性はドイツに近いかも知れない。

複線蛇行の思考

加えて、日本の教育は画一的だから全員の発想が画一的になるとか、過去の成功体験を絶対化して戦法が固定化したとかいう点は、戦史の教訓として何度も指摘されている。

私も観念的な上司を持ったことがある。本人は一〇〇％正しいと信じている（正しいこともあるが）から強い。説明はしない、疑問を許さない、ひたすら実践つまり忠誠を求めて来る。観念論は権威主義と結びつく。

一方、インテリジェントな生き方とは何だろう。疑う、他を窺う、比較する、逡巡する、誤りに気づく、変更する、内省する、といった人間的なプロセスを厭わない複線蛇行である。それは時に弱く、時に強い。

最近の事例で似ていると思うのは、例えばＣＯ２（窒素酸化物）削減問題である。日本は主催国だから、京都議定書で採択したから、そして地球環境は大切だからといった理由で全員一致、積極的である。異論は現れない。米国のように「それではコストはいくらかかる？　生産活動への影響は？　中国の対応は？」といった全く次元の違う判断基準を持ち込まない。結論と行動は正しいのだが、意思決定過程が単純で、「ため」がない。全員一致、「正しい」方針を決めて突っ走って、もし挫折したら、また全員で「反省」するのだろうか。

補遺を数点。

一、阿部重夫『イラク建国』（中公新書）で教えられたのだが、現在のイラクの国境線を事実上決めたのはオクスフォード大学に学んだ英国人の女性冒険家ガートルード・ベルで、「アラビアのロレンス」とほぼ同時代人である。ベルは「東洋人の致命的欠陥——道徳的勇気と知的平静さの欠如」と嘆いたという。

二、小泉首相の（第一回）訪朝について「ニューヨークタイムズ」紙は日本通の証券アナリスト、ピーター・タスカの言を引用して「エスタブリッシュメントの一部が少数のまま衝動的に動き、秘密裏に深い検討もなく重要政策を決めるから概ね破局に至るというのが歴史的に見てクラシック・ジャパンである」と論評した。

三、元海軍中佐で、内調の初代軍事班長をつとめた久住忠男さんの回想録『海軍自分史』（光人社）に「このころの海軍は、まだ日露戦争時代そのままに、艦隊司令部では作戦参謀がいちばん幅を利かせていた。私が南西方面艦隊に着任した戦争末期になって、はじめて情報参謀という名前が公式に使われるようになったが、実際は従来の通信参謀の兼務で作戦参謀の助手のように使われた」との記述がある。

「情報参謀」誕生の時期とその役割について、ご指摘の事実そのものも興味深いが同時に、コンピューターが出現した頃の通信と情報の関係を想起して私は感慨をおぼえた。

久住さんは続けて「ラングーンでの休戦協定の会議に出席したとき、英軍代表部の一人から、日本が敗けた原因の一つは情報参謀を大切にしなかったためですねと言われた」と書いている。

ＣＩＡの知力

バージニア州ラングレーにあるＣＩＡ本部を何回か訪れたが、今でも忘れないヒトコマがある。ディレクターズ・ダイニングルーム（長官食堂）での昼食が終わって隣室で分析担当の幹部十人ほどとのミーティングになった。

彼らは客人《ゲスト》（つまり私）に言葉（英語）も話題も合わせないから、いきなりコンフューシアス（孔子）とかフューダリスティック（封建制の）とか舌を嚙みそうな用語が飛び交う議論が始まった。つまりは中国政権の行動原理を背景から考察しているのだが、私の英語力と表現力では手に負えない。

国家情報官（ナショナル・インテリジェンス・オフィサー）をしていたエズラ・ヴォーゲルさんが同席していて、日本語でいくつか助け舟を出してくれたのだが、米国サイドの方が東洋思想に詳しいのだから太刀打ちできない。

彼らは全員PhD.（博士号）の修得者で、いつもこういう議論をしているのだろう。反省すれば、私は「やさしい、分かりやすい」情報を、量だけはたくさん読むことに慣れ親しんできた。日本国内でも時には最高の専門学会に出席して、その分野の碩学と論争するくらいの知的チャレンジをしなければCIAに歯がたたないぞ、と思い知った。

ミーティングの最後に私は「中国は四千年の間、『中国』なのだ」と言ったところ、出席者の何人かは笑い、何人かは頷いたのでホッとして会議室を出て、ヴォーゲル博士と握手した。

CIAがテロ情報を入手できなかった、と批判をするのは容易だが、CIAの分析を支えている知識（インテリジェンス）は学問的に高いレベルにある。

優秀なインドの情報機関

古代、朝鮮半島に出兵して敗北した白村江《はくすきのえ》の戦い（六六三年）以降の日本の戦記を研究することは日本人の発想を反省し、改善する上で有用である。白村江の戦いについては産経新聞に連載された八木荘司『古代からの伝言』（角川書店）が面白いが、同書によれば日本の船団はエイヤ、エイヤと次々に突入しては待ちかまえた唐の軍勢に殲滅されたという。一三〇〇年以上も前から我が民族は単線思考で行動して来たのかな、と考え込んでしまう。

しかし「我々はなぜ情報に弱いのか」を究明するために歴代の戦記以上に重視しなくてはならないのは戦後六十年余の空白であろう。

この点も既に多くの論考が為されているから多言を要すまい。占領と引き続く日米安保体制の下で我が国は狭義の安全保障（侵略対応）だけでなく、国際的な情報活動までも米国に依存してきた。米ソの冷戦時代であったから米国の眼を通した世界像を与えられ、自由主義陣営の一員、優等生として復興してきたのである。

『ストロベリー・ロード』（文春文庫）の著作で有名な石川好さん（秋田公立美術工芸短期大学学長）は最近インド事情に詳しくて、インドの情報機関ＲＡＷ（Research and Analysis Wing）の能力をＣＩＡ以上と評価しておられる。そして、日本にはＲＡＷがなくて、日本人はインテリジェンスに関わらなかったから戦後、経済復興に専念できたのだ、と感想をもらしている。

私もＲＡＷと付き合っていた時期がある。ＲＡＷがＣＩＡやモサドより有能とまでは感じなかったが、あのインド人の頭脳と世界に遍在する〝印僑〟のネットワークを持っているのだから、確かに複雑な情報分析を組み立てていた。なにせ、対米一辺倒の日本と異なり、米ソ中国の狭間で外交を展開して来たのだ。すさまじい大国の国際エゴに翻弄されつつ、一瞬にキャッチしたインテリジェンスによって最悪の危機を回避した体験も重ねているに違いない。

日米安保ただ乗り論に似た「戦後インテリジェンスただ乗り論」の指摘は正しいだろう。また、「ただ乗り」によって我が国が人的リソース配分の上で実益を得てきたことも石川さんの言うとおりだろう。代償として我々は独自の情報能力を封印し、独自の情報に立脚した外交政策の展開を制約されてきた。

時代は流れ、ベトナム戦争で米国は疲弊し、一方で冷戦は終結した。一九九一年に始まるユーゴスラビア内乱はイデオロギー終焉後の民族紛争の幕開けとなった。そして二十一世紀は国際テロとの戦いで始まった。

日本の国力も、国際的に期待される役割も全く変わったのである。情勢に押されるようにして、自衛隊は海外で活動するようになった。このこと自体、法的にも国民世論としても未成熟なところが多々あるが、状況は目に見えるのだから議論の土俵は作りやすい。実は、インテリジェンスの分野でも状況は同じなのである。現象が目に見えないだけである。日本は米国と協同しつつも相対的に独立し、国際的な役割を果たさなくてはならない。日本は戦後の休眠から醒めて、一人前のプレーヤーとしてコースに出なくてはならない。そのためのコストとリスクを負担しなくてはならない。

英国の盛衰を扼するオランダ

戦後インテリジェンスの空白が生じた具体的な理由としてもう一つ、情報関心の焦点《フォーカス》が消えたことがあげられる。

中西輝政京都大学教授は『大英帝国衰亡史』（PHP文庫）の中で、英国でインテリジェンスが発達した背景の一つに地政学上の問題を指摘している。つまり、低地地帯《ローランド》（現在のオランダ地方）がフランスとかスペインといった強大国に支配されると、海流の関係で島国英国としては国防上いちじるしく不利になる。したがって常にローランドにおける政治状況に関心を持たざるをえなかった。前述したように、インテリジェンスとは民族の生存本能に由来する基本的な機能だからである。

単純な類推はあたらないが、日本の場合も明治以降の指導者たちが「国の危機は北方から来る」と見てロシアを警戒し、その前線として朝鮮半島に注目し、関心を集中したことは地政学的に正しい。問題は、それだからと言って出兵して植民地にしたのと、英国のように武力に至らないあらゆる手段を用いて敵対勢力の支配を妨害したやり方の違いである。歴史の状況は異なるとしても、この「外交」の差は決定的に大きい。

いずれにせよ、戦後の日本は贖罪意識もあって、朝鮮半島のいかなる体制が日本にとって最も望ましいかを論ずるスタンスなど影をひそめ、受け身のままに対応を重ねてきた。

近年ようやく日韓、日朝関係を主体的に構築しようとする動きが双方から始まってきた。韓国の大統領が交代する度に日韓間の情報パイプがゼロないしマイナス状態から模索される現実の一端は前述したが、日朝についての情報不足は更に深刻である。

北朝鮮のような閉鎖国家について情報分析するにはどうしたらよいか？　オープンな分析としては確立された手法がある。冷戦時代、〝鉄のカーテン〟と称されたソ連（共産党）についての分析手法で「クレムノロジー」と呼ばれた。中国（共産党）についての同様手法は「ペキノロジー」と呼ばれた。国営放送などによって公表される人名を丹念に追うのである。そして、共産国独特の人事抗争と序列の変化から権力構造の裏側を読み取るのである。党や政府の機関紙の紙面を定量的に分析して政策意図を推測するのもクレムノロジーの手法である。

クレムノロジーで変化の兆しを発見するには長期間にわたってウオッチする必要がある。専門家と専従体制が要る。その意味でも、北朝鮮とその指導体制について、日本の情報空白は大きい。

生存への執念

弱体ながらインテリジェンスとしての貢献はあるのだろうか？　①なによりも情報関心を持ち続ける意思　②断片情報あるいは周辺情報を組み立てるスキル　③押したり引いたりする交渉過程における対面情報の分析　④テクノロジカルな情報（前述）による状況の考察、を組み合わせて像を描くほかはない。

幸い、いまの時代は北朝鮮に関する断片情報が東京でも、北京、モスコー、ニューヨークでも入手できる。広範な総合力を用いる余地はふえている。

ただし、情報が希薄な時にはトリッキーな〝ひっかけ情報〟が流されるものである。インテリジェンスを焦るあまり、吟味が甘くなると危ない。

北朝鮮のように内部が見えず、その割には駆け引きの達者な相手とは、どう付き合ったらよいか？　私のベスト・アドバイスはそういう相手とは外交交渉しないことである。

そうは言っても、虎穴に入らずんば虎児を得ず、で交渉するのだと言うのなら、せめて多くを望まないことである。情報なしに行動に出るのはカンテラなしに洞窟に踏み込むようなものだからである。一歩進む毎に、触角を出して足下を確かめる慎重さだけが身を救う。

これからも長い付き合いである。明治時代とは違った意味で我々は半島情勢に関心をもって考察を続けなければならない。日本の情報関心の焦点を定めなくてはならない。

サンバレーでの他流試合

ジューン・ブライドという言葉がある通り、米国の六月は空気が澄んで最高の季節である。毎年この時期に米国の警察幹部のミーティングが開催される。場所はアイダホ州のサンバレー(Sun Valley)という風光明媚な避暑地で、ソルトレーク・シティから三十一人乗りの小型機に乗り継いで一時間ほど更に北に上がる。日本でいえば軽井沢というより北海道の富良野あたりの感じだろうか。

会議の名称はMCC(メジャー・シティズ・チーフス)と言って、メジャーシティ(主要都市)の警察チーフの集まりである。メジャーシティとは人口百五十万以上で、警察官定員千名以上の規模をいう。全米で約六十都市あるから、普通の日本人が知っている都市はほとんど網羅されている。

私がこの会議の重要性に気が付いたのはNEC(日本電気㈱)に入社してからで、うかつにも役所にいる時は存在すら知らなかった。米国の警察は大きな州も小さな町もそれぞれ独立でバラバラだと認識していた。それはそうなのだが、米国式二重構造と言うべきか、無数にある地方警察を束ね、実質的なスタンダードを制定しているのが恒常的な事務局を持つ、このMCCなのである。例えば今回も、個人情報保護の関連で注目されているパスワードなど個人認証の盗難（identity theft）にどう対応すべきか、が議題の一つで資料が配られた。資料といえば、もう一つ。「Legacy（組織内の遺産）を如何にしてLead（主導）し、Learn（学び）し、Leave（遺す）するか」という冊子も配られた。レガシーを組織として、どう扱うかについては本書の六十九頁でも触れたが警察チーフたちの体験談は具体性に富んでおり、実証的だ。

MCCに参加して分かってきた。日本では警察庁という中央官庁が全国警察に通達を発するのだが、米国ではMCCが協議して先進事例を紹介したり、議会や民間企業に対する要望を決議する仕組みである。日本の警察官も参加する国際警察長協会（IACP）も実はMCCが実質運営している。

MCCは米国式の陽気な、リラックスした雰囲気で行われる。ロッジのすぐ隣にゴルフコースがあるし、参加者は夫人もしくは亭主（孫をふくめた家族も）同伴だから、チキンと鮭だけの野外バーベキューも賑やかだ。この会は人事のマーケットでもある。米国の警察チーフはFBIアカデミーの「指導者課程（NEI）」を出ているから、MCCはNEIの同窓会を兼ねる。ゴルフやパーティの合間に「うちの副本部長をあそこのチーフの後任に」とか、「あのチーフはニューヨーク市警でも務まるのではないか」といった話が飛び交うのも米国ならではの光景である。

さて、出席者名簿にある私のステータスは「スポンサー」である。通信のモトローラをはじめ多数の企業が会議のスポンサーとして名を連ねている。スポンサー側の出席者はほぼ全員がFBIなど警察のOBである。

MCCは自由に仲間内《ピア・トーク》の議論をするための関係者の集まりである。部外者は入れないが、参加を認められた者は三百ドルの参加費を払って写真付きのIDを首から掛ける。全員全く平等である（IDの枠の色がチーフたちとは異なるが）。あらゆる議論に参加できるし、議長の許可を得れば発言もできる。日本のように企業に入ったOBと接触してはいけない、などという規制はない。私がNECを名乗ってNEC商品の売り込みをすることは自由かつ一〇〇%正当なことだ（いけないのは透明性を欠いたまま商業活動することである）。これが資本主義の強みだろう。各企業は競って有用な商品を開発し、行政をアシストしようと努める。そのために有力なOBを雇って、行政とのパイプ役にする。警察に限らないが、官と民がオープンに交流し、企業と官庁の風土にあまり差がないことが米国社会の特徴だろう。官民共通の価値観は「効率《エフィシエンシー》」である。

FBI長官もMCCのメンバーである。他のチーフたちと対等だが、兄弟で言うならば長兄という感じだろうか。MCCのハイライトとしてFBIのロバート・S・ミューラー長官の講演がある。私も毎年聴いているから「はーい、オーモリさん」と握手する関係になった。なにせ米国人と数人のカナダ人を除くと異邦人は私一人なのだから。

ミューラー長官の二〇〇五年の講演骨子をご紹介する。

「当面の課題は三つある。第一に引き続きテロ対策である。第二にカウンター・インテリジェンス（対諜報）である。国防ならびに産業上の国益を守るために中国、ロシア、イランその他による諜報活動を摘発する（筆者注：日本も「その他」に入っていることは忘れない方がよいと思う）。英国のＭＩ５のような国内インテリジェンス機関がＦＢＩとは別個に必要だ、と主張する向きがあるが賛成しない。米国のドメスティック・インテリジェンス（国内防諜）は引き続きＦＢＩが担当する。第三に組織犯罪（国際的なもの）を取り締まる。武器とか麻薬とか人身売買が重点である。

以上の課題を遂行するために、四つの方策を推進する。第一はインテリジェンス能力の構築である。survey（現場での工作）、collect（収集）、analysis（分析）の各般にわたって人材を集めなくてはならない。軍隊除隊者に期待している。第二はテクノロジー化である。セキュリティに留意しつつ、ファイル資料の共同活用ができるように法執行機関相互のネットワークを構築する。第三は国家レベルでの人材育成である。各級警察の幹部を教育訓練する。第四は入国管理の有効化で、制度を同じくする英、独、仏などと連携して国際的にテロリストの移動を監視する（筆者注：ここでも日本の名前は出なかった）」

ＮＥＣの米国法人はＦＢＩ副長官をつとめたビルをアドバイザーに迎えている。私とは七～八年の付き合いになるが、長官の講演を二人で聴いた後、ビルが個人的コメントで補ってくれた。①インテリジェンス能力をＦＢＩに扶植するのは大変難しいね。犯罪捜査の時の情報提供者の使い方とは根本的に違うのだから。ＣＩＡから教官を招いて指導を受けているのだが、全く新しい仕事として取り組まないとね。捜査をやって来た連中はインテリジェンスをmenial（卑しい）な仕事と考えるから組織内のハーモニーが先決だよ。②ボブ（ミューラー長官）は目下アンハッピーだよ。よくある話だが、新しいコンピューターソフトは欲張り過ぎてうまく働かないんだ。③国中がテロ対策に熱心だから、ＦＢＩの中堅幹部が民間企業にどんどんヘッドハントされて、十三ヶ月から十五ヶ月くらいの在職期間になっている。人材補充が大変だよ。④最近のイラク情勢を見ていて実感するけど、我々は異文化を理解していなかったんだ。国際テロ対策のカギはそこだなぁ。

話が一段落したので、私は目下ＭＣＣコミュニティで関心集中の話題をビルに質問した。「ウオーターゲート事件の時の『ディープスロート』として元ＦＢＩ副長官のマーク・フェルト（九十一歳）が名乗り出たけど、彼はどんな先輩だった？」と。ビルはすぐに答えた。「mean な男だったからオレは嫌いだったな」と。「mean な男」というのは、日本にもいる「ケチな野郎」という訳語にピッタリだな、私は合点した。そして「フェルトは愛国者じゃないかね？」と重ねて質問した。ビルは銀髪を二、三度横に振った。「真実を社会に伝えるのは大切なミッションだ。しかし、彼はコード（職業倫理）を破った。駄目だね」。

私は国内インテリジェンスの課題もディープスロートの評価も納得した。やはり、サンバレーまで足を運んで「他流試合」をすると収穫があるな、と感じた。

第六章　北朝鮮ミサイルと日の丸衛星

情報入手後こそ肝要

一九九三年三月一二日、北朝鮮は核不拡散条約（NPT）からの脱退を声明した。内調室長になって五日目だった。北朝鮮の声明は脱退までに三ヶ月の猶予期間を置いていた。「これは長引きますね。腰をすえて取り組まないと」と河野洋平官房長官に報告したのを覚えている。

私は後々、何度も情勢見通しで誤りを繰り返したが、この時の判断は当たった。自慢話などではない。苦いアイロニーとしての回想である。「長引く」と思ったのは正しかったが、それが十年以上にわたって脱退→復帰→再脱退と繰り返し、途中IAEA（国際原子力機関）の査察を受けたり拒否したり、米朝交渉があったり、二度にわたる日本の総理の訪朝があったり

（核には無関係だったようだが）、ついに最近では北朝鮮が自ら核保有国であると宣言するまでになる……とは想像もしなかった。中ソの核戦力にどう対抗するか、という抑止戦略の命題は頭にあったのだが、全く新しい核保有国の出現については想像力が欠如していた。我ながら不明かつアタマの固い情報官だった。

さて、江畑謙介さんの前掲書『情報と国家』は、九三年、「日本の内閣に米国から、『五月下旬に北朝鮮が日本海に向けて弾道ミサイル数発の発射実験を行い、そのうちの一発がおよそ五〇〇キロを飛んで、能登半島沖二五〇キロの日本海中部にまで到達した。これは北朝鮮が開発した新型の、ノドン1弾道ミサイルである可能性が高い』という情報がもたらされ」たと記している。私の手持ちメモでは、六月一日米国から「北朝鮮が新型クルージング・ミサイルの発射実験を行った模様との提報あり」、と記している。その後、二度にわたって追加の断片情報を受け取った。情報は、そう整った形で手に入るものではない。

「ノドン」とは米国がつけたコードネームである。労働を意味するハングルに由来するとの説があった。ノドンの性能は実のところ、よく分からなかった。

ノドンについて、私はいつものルートで宮沢総理、河野官房長官、石原信雄副長官に報告を入れた。

六月一一日だったと思う。私は通信社の速報でびっくりした。ノドン発射を石原副長官がマスコミに明かしたのである。「カンボジアに派遣する自衛隊ＰＫＯ部隊に機関銃を一梃持たせるかどうか、国会で大議論をしているが、もっと大事な問題があるんだよ」という意味で朝の出勤時に同行する番記者たちに語ったのだという。情報源はイスラエル筋からということになっていた。

決まったルールがないことが問題だと思うが、ノドン発射は官房長官が記者会見で正式に発表し、あわせて国民に冷静な対応を呼びかけるのだろうな、と考えていた。事前に閣僚レベルの安全保障会議を開催するのもよい、と思っていた。

情報担当者として遺したいのは、情報の入手と保全には熱心だったが入手後の「処理《プロセッシング》」には迂闊だった、という反省である。

私は今でも石原信雄さんを最高の上司だと評価している。太っ腹だし、人柄が明るい。後輩である部下と功績を争う「上司」が世間にはいるが、石原さんは全くそういう気配もなく、また石原さんが他人の陰口を言うのを聞いたことはない。私も随分助けられた。

ただ、この一件から「情報を扱う人間には特殊なセンスと訓練が要るな」と覚った。私は石原さんのように都知事選に立候補したりせずに生涯、情報で生きようと決心した。

「事実」の一人歩き

不思議なことに、「ノドン」は大騒ぎした割に発射の事実を確認した日本人はいない。映像で確認したという日本人もいない。

江畑謙介さんの指摘をうけて、さらに襟を正しているのだが、一九九三年の時点では弾道ミサイル発射実験を独自に確認する技術手段を日本は持たなかった。しかし、と江畑さんは言う。北朝鮮従来のスカッド・ミサイルの性能は分かっていたのだから、北の工業力水準から判断して例えば液体燃料とか高強度アルミ合金などの進歩はどれくらいかの推測はできるはずで、「きわめて基礎的な常識からの評価を日本が全く行わなかったのは、情報の分析評価という点で完全な失格であろう」と決めつけられている。

反省事項として、善意で言えば我々はノドンの持つ国際政治上の意味合い《インパクト》を重視し過ぎた。辛く言えば、科学技術的な、そして軍事的な検証能力を欠いていた。

ただ、弁解ではないのだが、これは日本自前の情報ではなかった。自前の情報であったならば、分析も活用も、取り扱いは自由である。私には外国から貰った情報を保全しなくてはならないという意識が強かった。この情報を専門家集団に委嘱して評価を求めたいという意識は正直言って、全くなかった。委嘱するメカニズムも政府内に存在していなかった。結果としてノドン情報は垂れ流しで、一三〇〇キロ、日本全土を射程内に入れる新型ミサイルを北朝鮮が持ったという「事実」だけが検証なしで一人歩きした。

更に驚くべきは、日本はその後の五年間何もせず、一九九八年に北朝鮮が「テポドン」を発射して、二段目のロケットが列島を飛び越えるや再度ヒステリックな大合唱が起こり、かねて我々が熱望しながらも省みられることのなかった情報衛星が急遽実現することになった。

日本的な、と言えばあまりに日本的な、この決定方法に多くの問題点が胚胎している。が、それを検証する前に、核をめぐる朝鮮半島の危機に話を戻す。

米朝開戦

日本経済新聞記者の春原剛さんの前掲書『米朝対立』の帯には「アメリカと北朝鮮、両国は開戦寸前だった！」と記されている。私の実感では、これはオーバーな表現ではない。一九九四年二月、細川護熙総理が渡米し、クリントン大統領との間で首脳会談が行われた。発表では日米貿易摩擦の問題が話し合われ、市場開放を示す数値目標の導入について日本側が拒否した、となっている。細川さんの高人気もあって新聞紙上では「ＮＯ！　と言った日本」などと見出しが躍った。

実際には、首脳会談の隠れたコアは北朝鮮危機だったようで、この頃ホワイトハウスでは北朝鮮の核施設に対して「外科手術《サージカル》」的な対応、つまり戦略爆撃まで検討していたことが、後にクリントン大統領自身によって明かされている。

細川さんが帰国した翌日、私は北朝鮮に関連する情報を細大もらさず取りまとめるよう指示された。別途、同僚の坪井龍文安保室長を長とする有事対策チームが発足し、関係省庁の局長クラスが参画した。

詳細は割愛するほかないが、我々は米国による北朝鮮爆撃は最終局面のオプションであって、シナリオとして一番蓋然性が高いのは海上封鎖または北朝鮮往来の船舶に対する公海上での臨検であろう、と予測した。J・F・ケネディ大統領によるキューバ沖での対ソ強硬策の再現である。

日本の果たしうる協力・支援の内容はデリケートであるが、北朝鮮は「あらゆる経済制裁は宣戦布告とみなす」と明言していたので、そうなれば不測の事態は日本の国内外を問わず、いつでも起こり得た。

一九五〇年ころの古い新聞記事を取り出して、朝鮮戦争当時に日本国内で米軍の出動妨害のために、いかなる破壊活動《サボタージュ》が発生したか、調べたりした。

ピリピリした緊張は高原状態のまま同年六月のカーター元大統領の訪朝まで続いた。

私は危機管理のどんな教科書よりも、どんなセミナーよりも、この時の「米朝対決と日本」ほど格好の、生きた教材はないと今でも考えている。しかし、正確な事態が国民の眼に映ることは、残念ながらなかったのではなかろうか。

細川総理の武村はずし

一つには、細川総理がワシントンでの首脳会談の内容を国民に公表《ディスクローズ》しなかった。北朝鮮の核疑惑に対する米国の深刻な決意を公表できなかった。最終的には米国と日本との国家としての行動能力の違いに帰着するのかも知れないが、米国の決意が戦争寸前まで行っていることを唐突に告げられて総理は衝撃を覚えたことだろう。

官邸にいた私にも当時、真相は見えなかった。ただ、北朝鮮もしくは米国について、内面に迫る自前の情報が少しでもあれば、日本の対応も変わっていたかも知れないと思うと悔いは残る。

もう一つの理由は事態が急に政局になったことである。細川総理は「内閣の中枢に北朝鮮とつながる人物が存在する」という意味のことをワシントンで耳打ちされたように思われる。とにかく、帰国直後から内閣改造を言い出した。狙いは武村正義官房長官はずしにあったことは明白で、武村さんも「官邸内別居の状態やなぁ」などと言っていた。

当時の新聞記事を眺めると不思議な感慨に打たれる。折柄、佐川急便をめぐる細川総理自身のスキャンダルも噴出し始めていて、反自民の八党連立政権は持ちこたえられるのか、の政界記事で一杯である。経済面では、細川総理が「NO」と言った後の日米経済関係を新時代に入ったとして熱心に論じる企画が溢れている。なかには、「武村はずしは北朝鮮問題が原因か」という週刊誌のトップ記事が憶測のように出ている。

永田町の政界話に日本中が興奮している間に、北東アジアの危機は米朝間で鋭く進展し、その後、最悪の事態を脱した。日本は何も変わらなかった。

金日成死亡す

同年六月一五日、ジミー・カーター元大統領が訪朝し、金日成《キムイルソン》主席と会談した。ニューヨークにある北朝鮮国連代表部の許鍾《ホジヨン》次席大使がジョージア州アトランタを訪れてはカーター氏の訪朝を工作していたことは北朝鮮事情に詳しいジャーナリストから聞いていたのだが、米朝関係が最悪のタイミングでの訪朝実現に驚いた。

「私が行くよ《アイムカミング》！」。カーター氏の言葉がクリントン政権幹部にとって文字通り寝耳に水だったことは、春原記者の前掲書に載っている。

私は半信半疑だったが、事態は急転直下、緩和に動いた。交渉終了後、カーター元大統領がロザリン夫人と共に金日成主席の案内でゆったりと船遊びに興ずるテレビ画面を私は夢を見ている感じで眺めた。

細川総理の訪米からカーター元大統領の訪朝までの四ヶ月、精魂こめて打ち込んだ我々の研究は無為に終わった。北朝鮮研究は、いずれ役に立つ時が来ると思ったから徒労感はなかったが、やはり脱力感はあった。もっとも、米国では第二次朝鮮戦争が起きれば米韓側の死者五十万人（北朝鮮サイドの死者については算定せず）という数字があった（春原・前掲書）そうだから大惨事は回避されたのである。

ただし、日本としては海上警備行動、危機管理そして情報収集能力、これらの整備について国民あげて議論する機会を逸した。

七月九日は土曜日だった。土曜か日曜、休日出勤するのを常としていたのだが、この日は早朝ナポリ・サミットに出席していた村山富市総理が「オリーブオイルにあたって」倒れたという連絡があったので、念のため役所に出てみようと思った。十二時一分くらいにタクシーを降りたら、総理府の守衛さんが「金日成が死亡したとニュースで言ってますよ」と教えてくれた。私は六階にあるオフィスに走り込んだ。後に警視総監になった奥村万壽雄君が国際部の責任者で「米側に問い合わせたら、北朝鮮国内で軍の移動など見られないそうです」と報告した。「おっ、サンキュー」私は答えた。拳銃射撃と同じで、的の真ん中を撃ち抜いた情報は気持ちよい。

日本語と英語で数本電話をかけた後、私は官邸に向かった。官邸には外政審議室長の谷野作太郎さんなど各省幹部が駆けつけて来て人で溢れた。すぐに電話が足りなくなった。一九九四年、携帯電話を持っている者は一人もいなかった。私もポケットベルだった。

今回は政治部記者の行動は激しかった。発足したばかりの村山内閣が召集した対策会議に出席したこともあって、職場でも家庭でも取材攻勢にさらされた。取材に対応しながらも、気持ちはクールだった。北朝鮮国内が平静であることは分かったし、金日成死去報道が速やかになされたことも平穏のサインだった。それと後任の金正日《キムジョンイル》について当時、能力が劣るとか奇矯な性格の持ち主だとかの噂があった、私は「頭のいい独裁者」だと判断していた。独裁者に特有の気配りもできるし、冷酷な統治能力も発揮できる人物だと感じていた。当面は平穏だ、しかし金正日体制が固まったら、また米国も日本も揺さぶられるな、と漠然と感じていた。

虫の眼　鳥の眼

金日成死去をめぐる騒ぎのなかで私が一番痛感したのは情報衛星の威力だった。あの時、米国の助力がなければ日本政府は五里霧中、不安と懐疑心で揺れ動いていたことだろう。突拍子もない発言をする政府首脳も出たかも知れない。

情報衛星によるタイムリーな映像こそ日本の平和確保のためのキーファクターである。情報には地べたを這いまわる「虫の眼」と全体を俯瞰する「鳥の眼」の両方が必要である。日本が必要とする時に、必要な映像を入手できるようにしたい、私は改めて熱望した。

二〇〇四年一一月の日本経済新聞（夕刊）は「日の丸衛星を上げろ　検証・国産情報衛星」というコラムを春原剛編集委員の署名入りで連載した。その第二回に私は登場する。「大森の憤りはピークに達した。『ノドンに関して、日本はまったくわからなかった。インテリジェンス（諜報）的には日本はゼロだった。それなのになぜ情報衛星の必要性を政府は正面から論じようとしないのか』」と喚いたことになっている。

春原さん、私は情報人間だから、やたらに憤ったり、喚いたりしないですよ。ただ、自国の近海に飛距離五〇〇キロのミサイルを撃ち込まれて、それを第三国（米国）に指摘されるまで分からず、自力で検証すらできないのはおかしい、と声をあげただけです。

ノドン、怪しからんと沸騰していた世論、マスコミは急激に冷めたが、その後、「遅れて到着した援軍」外務省の茂田宏国際情報局長が着任したりして「日の丸衛星」への下工作は地道に続けた。

関係者による下工作が貢献したのだと信じたいが、結局一九九八年八月「テポドン」が日本列島を飛び越えるや世論、マスコミは再度沸騰した。そして情報衛星の打ち上げが閣議で決定された。

私は退官して一民間人だったから閣議決定をニュースで知っただけだが、必ずしも心から大賛成という気分になれなかった。

その理由は二つあり、一つは対米関係である。

私はインテリジェンスの分野において相対的に、かつ極力、米国から独立した能力を備えるべきだと考えている。独立して協同する、これが基本である。「日の丸衛星」のモチーフもここにある。

私が衛星に関与したのは初期の段階だから、米国の情報関係者は総論として概ね理解を示していた。すでに領空警戒管制《バッジ》や潜水艦監視などで日本は独立のシステムを運用し、米国との情報共有にも実績を積んでいる。

しかし、政権内の議論が紆余曲折を経たため、結果として情報衛星国産化の決定は唐突で、説明不足の感じとなった。同時に国産化についての野中広務官房長官の説明ぶりに米側は対米不信の影を感じ取ったのかも知れない。他の分野でもそうだろうが、インテリジェンスに関して米国は世界的な主導権を絶対に譲らない。

不可欠な解毒装置

米国からの自立には成熟《ソフィスティケイト》した、共通価値の保証が前提である。具体論に入ってからの折衛で、私の後任者たちは苦労したことだろう。

二つ目の理由も五年間の空白と関連している。情報衛星の製造と運用のシステムを練るプロセスが先行していなかった。

慌ただしくスタートし、かつ年度計画で規定されるから急拵えになる。加えて各省庁の連合体である。衛星の性能とか特性が十分に議論されて基盤が共通化されていればよかったのだが、青写真なきままに霞ヶ関の典型的な姿、官庁セクト主義がそれぞれの研究機関を巻き込む形で動き出した。

私は米国に周回遅れでスタートした衛星事業において初期段階の失敗は致し方ないと考える(ちなみに衛星に関する技術は、①精密なコンポーネントの集積《インテグレーション》である②大量生産ではないという意味で手作りである、の二点で情報作業と似ている)。明治以来、日本はいつでも先進技術にキャッチアップするために失敗と工夫を繰り返してきたのである。しかし、一納税者として、官庁セクト主義に起因する無駄な出費は絶対に許せない。開発のマスタープランを確立し、実務的で安定した衛星運用を早く実現してもらわなくては困る。

民間のすぐれた研究者たちに、どんどん参加してほしい。最近になって、政府側が給与の差額を補塡しているのはおかしい、との指弾が出ている。本当は民間企業の技術者は、その会社の身分のまま参画してもらえばいいのである。それなら給与が下がる等の問題は起きない。問題は機密保持義務であって、それを担保するために民間人を国家公務員の枠に押し込む、結果として給与が下がるから補塡する、という奇妙な形になっている。

秘密保護法を制定すればよいのである。何を言うか、とたちまち袋叩きに遭いそうだが冷静に考えてほしい。衛星開発にあたって機密保持の契約を国が民間研究者と結べば、なにも法律など要らないではないか、との主張は国際的に通らない。国家による機密保護の法的保証なしには米国は知的財産を使用させない。米国の特許なしには「日の丸衛星」は上がらない。

江畑謙介さんも前掲書の中で言っている。日本では秘密保護法がないために「どこまで公表してよいものかという判断ができず、自分や組織の責任を問われないようにするために、あらゆるものを秘密にするという、民主主義体制においてはきわめて憂慮すべき悪癖が生じている」と。

「秘密保護法」の弊害は分かっている。繰り返すが、インテリジェンスは毒である。しかし、社会の安全のために必要な毒である。毒を用いるには解毒の社会装置を構築しなくてはならない。

国権の最高機関である国会において厳格な要件をもつ秘密保護法を制定すべきである。その運用をメディアと裁判所が、つまり国民世論が監視すればよい。当然ながら「秘密保護法」は情報公開法とワンセットで運用される。三十年経過したら全ての国家記録を公開する制度も励行しなくてはならない。

　こうした仕分けをしないと、いつまでも官庁側は隠す。行政の透明度は向上しない。役所にとって便利な、悪しき慣行がなくならない。「建前が現実に合ってないのにマスコミが無理解だから、実務上なんとかやりくりするほかない」、役人はそう思っている。

　秘密保護法を制定して、限定された関係者には保秘義務を課する、それ以外の業務は全て公開する、一定時間が経過すれば最終的に全ての国家記録を公開する、この制度が定着すれば官庁業務は国民に見えやすくなる。官庁エゴは批判にさらされる。役人サイドも無理をして〝現実的な〟仕事の仕方をしなくてすむ。

　そして、日本のインテリジェンスは専門性を高めると同時に、国民に対する説明責任《アカウンタビリティ》を常に意識することになる。

第七章　「対外情報庁」構想

輪転機のない新聞社

「サッカーは世界的なスポーツだよ」とか「攻守が一瞬に入れ替わるから野球より面白い」と聞かされるだけではサッカーの醍醐味は伝わらない。やはり、サッカーは個人技とチームワークとの組み合わせであり、状況に応じた陣形（フォーメーション）変化が魅力だろう。ビジネス風に言えば、組織の総合力をどう発揮するかである。プレーヤー個人の遂行能力と集団の持つ戦略能力をマッチングさせたチームが勝利する。

インテリジェンスも同じで、組織の組み立てとその運用に踏み込まなければ「本物」は見えてこない。情報作業には最低限、送り手と受け手がいる。本来がチームプレーなのである。実際にはもちろん、分析班もデータベースも必要だから、インテリジェンスの組織は輪転機のない新聞社を思い浮かべていただければよい。

「組織と個人技の望ましい関係」は永遠の課題であるが、後ほど若干の考察を試みよう。

ここで情報組織についてポイントを概説する。

①情報組織を持たない国家は世界に存在しない。日本にも情報組織は存在するが、極めて弱体なものがいくつかバラバラに活動しているレベルである。

②情報組織は対外部門と国内部門に分かれる。米、英、イスラエルの順に例示するならば対外はCIA、MI6、モサドであり、国内はFBI、MI5、シンベットである。日本の場合は機能が未分化である。

③情報組織の機能と任務は国によって異なる。CIAのようにアフガニスタンや中南米で「影の軍隊」を組織する能力を有している大組織もある。韓国の国家情報院（旧KCIA）のように国家保安法にもとづく捜査権を持つ組織もある。私はこの点、明白に情報だけを担当し一切の強制権限を持たない英国型が望ましいと考える。

それぞれの予算や人員の規模についても、資料をみれば一応の数字は出ているが権能と任務が異なる以上、日本と比較するのは意味がないし、かえってミス・リーディングであろう。例えば、米国のインテリジェンス予算は年間四百億ドル、CIAの人員は一万五千人（一説では十万人）という数字を知っても「情報活動」の内容が全く異なっている。各国の軍隊の規模や航空機の数を比較するのも性能に差があるのだから実質的でないと思うが、インテリジェンスについては尚更である。国家機密になっている部分を比較する困難さもある。インテリジェンス組織については民族の歴史にもとづくカルチャーが国ごとに異なるのである。

④日本人、とくにマスコミの諸氏は米国と比較するのが好きだが、インテリジェンスに関しては実態が違い過ぎている。米国を研究してインテリジェンスの持つ役割とか、その欠陥を学習するのは有益だが、ＣＩＡを日本のインテリジェンスのモデルにするのは適切でない。純粋に情報だけを扱うという意味で英国型がよいが、英国も旧植民地を中心にグローバルな情報網を維持している。その手法も高度である。日本の現状では手が届かない。

私の提案は英国型で、かつ地域的な国家《リージョナル・ステート》、具体的にはシンガポールかマレーシア、もしくはオーストラリアかニュージーランドを兄貴分《メンター》にも仲間《ピア》にもしてスタートすることである。

⑤インテリジェンスをどこに所属させるか、も議論が分かれる。国家情報長官（ＤＮＩ）を設けて総理大臣直属にする方式（米国型）が一般的だが、私はインテリジェンスを独立のユニットとした上で外務省の〝中〟に置く方式（英国型）をあえて主張したい。外務省としてはリスクと負担を背負うが、外務省員であって外務省員ではない「幽霊《ファントム》」たちを使いこなす度量を発揮してほしい。外務省の人間は皆、英国情報部のシステムを知っているのだから。

⑥インテリジェンスに収集工作までやらせるか、集まった資料の分析だけを受け持たせるかの議論もある。私はすべての役所が集めた素材を内閣で集約して分析するオーストラリアの国家分析局（Office of National Analysis）はモデルになると思うが、さて霞ヶ関の実態を思うと日本では自力で情報集めをしない限り、組織は存立できないのではないだろうか。

「対外情報庁」組織案

私は前著で日本のインテリジェンス組織創設のための私案を提言した。この私案について変更する点がない。前著をご覧いただいた向きには重複して恐縮だが骨子を箇条書きする。なお、私案作成にあたっては雑誌「選択」（二〇〇三年五月号）の須川清司氏の試案を有効に参照させていただいた。重ねて感謝する。須川さんは一九六〇年生まれ、銀行を退職して米国で学び、帰国後民主党の事務局で政策提言をしている。野党サイドからの提案という意味でも評価したい。

①「対外情報庁」を設立して、そのトップを日本の国家情報機関の総元締めとする。
②情報庁トップはカスタマー（政権中枢）サイドに立って国家戦略・戦術に沿ったオーダーを情報機関に出す。逆にカスタマーに対しては得られた情報に基づいて戦略・戦術を報告する。
③情報庁トップは総理大臣の承認を得て各機関に情報収集や提供を命ずる権限を持つ（いわ

ゆる情報アクセス権による情報集約)。
④対外交渉時の防諜について柔軟に経済官庁を支援する。
⑤「対外情報活動関係法」を制定して日本人を対象とした「盗聴」は基本的に行わないという人権保護の原則を定める。
⑥実効的な活動を阻害しない範囲で国会(非公開の特別委員会など)に報告する仕組みを作る。
⑦カスタマー及び情報機関の仕事ぶりについて勧告権限を持つ専門委員会を設置する。
⑧情報庁トップは政治家(大臣)ではないプロフェッショナルをあて、国会の同意を得て総理大臣が任命する。
⑨国家安全保障会議(NSC)を設け統幕議長と情報庁トップを加える。
⑩国家機密情報の漏洩に対しては国会議員を含めて厳罰の対象とする。
補遺としてコメントを数点加えたい。
①当面「対外情報庁」のみ設置し、「国内情報庁」は設けない。複雑な議論を招くだけだし、国内情報を適切に扱える人材がいない。適切でないスタッフを抱えた情報組織ほど始末の悪いものはない。ささやかながら私もその苦労をあじわった。
②対外情報庁は百人くらいの少人数でスタートする。理由は前述のとおりである。三十年後

に五千人規模を目指すことにして、身の丈相応で営業を開始しよう。次代の若者たち男女が知恵の戦いに参加するのを待とう。

③スタッフ全員を一年契約として能力のある者だけを契約延長する。公務員法の例外になっても能力主義を貫く。組織は少数にすれば精強になる。

④百人の配分は三十人をオペレーションに、二十人を分析に、十人を資料・記録に、二十人をエレクトロニクスを中心とした技術に、十人を管理部門に、そして十人を心理学専門家によるオペレーション指導にあてる。インテリジェンスは砲弾を用いない戦いである。武器とするのは人間と集団の動きをどう読むか、という頭の働きである。

⑤情報を扱っている現行の諸組織は廃止。全員を解雇して適任者だけを新組織で採用する。国鉄民営化の時の英断に倣う。

⑥対外情報庁をスタンドアローン型にしておいては裾野が拡がらず戦力アップが望めない。周辺装置《ペリフエラル》として実戦的な研究機関をとりあえず三つ付置する。それぞれ米国政治、華人、コリアンを研究対象とする。米国については政策の根底にある社会の変動を早期に予測したい。華人とコリアンは広義の概念であるが、歴史を遡ってそれぞれの民族が我が国にいかなる心証を形成してきたかを研究して対日行動の底流を把握したい。一つ一つの現象面に幻惑されることなく、華人とコリアンの意識《メンタリテイ》の由来を研究するのである。

人材をどこに求めるか

土屋大洋慶大助教授は前掲『ネット・ポリティックス』で書いている。「インテリジェンスの活動は知的なものであり、高い知性を持つ人がその役割にふさわしいという感覚が少なからずあるようだ。自分の持つ高い知性を国家の安全保障のために使うことは、戦場で戦うのと同じくらい名誉なことなのだ。／アイビー・リーグの秀才たちが、ビジネスの世界での成功や、学者としての名声を求めるのではなく、インテリジェンス・コミュニティに入って『静かに国家に奉仕する』のも価値ある選択とみなされている」。

米国での、この感覚はヨーロッパでも一般的である。本家はやはり英国で、インテリジェンスの幹部はオクスブリッジ（オクスフォードとケンブリッジ）が占めている。

一九八四年、今の皇太子殿下（プリンス・ヒロと呼ばれていた）がオクスフォード大学マートン・カレッジに留学しておられた頃、私は年に五〜六回英国を訪れた。

直近の警護はロンドン警視庁の巡査部長が二人で交代でやっていたが、セキュリティ全般のデザインはMI6（英国ではSIS：シークレット・インテリジェンス・サービスの呼称が一般的）が仕切っていた。私はMI6テロ対策部のアレンと親しくなって、ある日「あなたもオクスフォードの卒業生か」と尋ねた。彼は「ノーノー、私は《アイム》チョイ《フラム》ましな方だ《ベターワン》よ」と答えた。

英国人のユーモアに笑ってしまった。もともと、国家のために「静かに奉仕する」(serve in silence) は貴族階級子弟の職責 (duty) とされて受け継がれている。

さて、日本では東京大学の学生にそうした意味でのエリートとしての自覚があるとは見受けられない。また、インテリジェンスは必ずしも軍事の一部門ではないが、各国では (日本でもかつては)、体力にすぐれ専門知識を備えた軍人が主要な担い手になっているのは事実である。この点も日本は異なる。

つまり、我が国はインテリジェンスの供給ソースがない。これも戦後六十年の空白の後遺症である。

しからば、むしろ逆手にとって幅広い階層から適任者を募るべきだ。知性があって、好奇心と行動力を持つ若者男女を求む。英語とコンピューター能力 (COMPUTER SAVVY) は必須である。

私ですら実数で五十以上の国と地域を訪れている。情報マンを志す青年は格安切符一枚で世界のどの地域でも飛んで行く身軽さが欲しい。あとは経験が最良の教師である。

在ペルー日本国大使公邸占拠事件 (一九九六年) が発生した時、私はペルーに土地カンがなくスペイン語もできないため、現地に行けなかった。後進の諸君にはこの限界を乗り越えてほしい。

最も駄目なリーダー像

どういう性格がインテリジェンスに合うのか？　ここで前掲『サッカー監督という仕事』から湯浅健二さんの説を引用する。

一つは「クリエイティヴなムダ走り」を厭わない人。つねに動く、それがサッカーである。それが情報マンである。

二つは「ポジティヴなルール破り」ができる人。「個人の決断による、チーム内の決まり事を超越したプレー」にチャレンジする人。

三つは予測能力《アンティシペーション》を磨く人。

四つは味方とのポジションバランスを意識しつつ「ホンモノの個人事業主」になれる人。

やや脱線するが、ここで情報活動にとって最も有害なタイプ、専制的なリーダーについてふれたい。江畑謙介さんも前掲『情報と国家』でサダム・フセインの例を引いている。つまり、自分に都合の悪い情報を一切認めないタイプである。常に上の者の意向を気にする組織では情報は死ぬ。歪曲された情報しか伝わらない組織では組織自体が死ぬ。

インテリジェンスの流れの中でリーダーの役割が重要であることは言うまでもない。「良いリーダー」、「駄目なリーダー」、「良さそうで駄目なリーダー」の研究はビジネス書にたくさん載っているが、組織を一番誤らせるのは「良かったのに、肝腎の時に駄目になったリーダー」である。渡部昇一さんはその例として、西郷隆盛と山本五十六を挙げている。西郷は明治維新断行の後、殖産興業政策に不明だった。山本は真珠湾攻撃成功の後、戦艦大和が完成して乗艦するや、自らの成功の主因である航空機重視を貫徹しなくなった。

危機《ピンチ》の時に有効に働くリーダーがいなければ、どんな組織を作っても情報は生かされない。

人材をいかに育成するか

インテリジェンスの目的のために人材を求めるならば、まず大学あるいは大学院である。ようやく日本の大学にも動きが出てきた。しかし、「情報学」がコンピューター・セキュリティの解説であったり、「危機管理学」が為替やデリバティヴの演習だというのは寂しい。

私も立教大学の大学院で一年間、インテリジェンスのゼミを担当した。七時限目、夜八時十分から九時四十分まで毎週一回つとめた。社会人中心のMBAコースは皆熱心で、それぞれにNGOでの国際体験も豊富だから私の方が裨益《ひえき》されるところ多大であった。

現代若者との接触の機会でもあった。パッと行動して、パッと感想を述べる才覚は大したものだが、それを編集したり体系化する根気には欠けているように見受けた。

主婦をふくめた生涯学習志望者たちは国際政治や安全保障にも関心が高い。新聞の国際記事を読むときのバックグランドを深めたい、と言った女性もいた。私は敬意を表しつつ、ややカルチャー・センター的な雰囲気も感じた。物騒な言い方をすれば、私は「切れば血が流れる」ようなインテリジェンス論を闘わせたいな、と思って教室を去った。

大学でインテリジェンス研究の講座を設けるなら、お願いしたいのはインテリジェンスの技法《テクニック》ではない。「人間をどう観察するか」の根底である。ニコロ・マキアヴェッリとかジョセフ・フーシェの研究はむしろ古典であろう。

地中海周辺の都市国家が互いに攻防を繰り返し、また中国の王朝が興亡を重ねた歴史もしっかりと学ばねばならない。生きたインテリジェンスの教材は身近に存在する。

我々は万世一系、よいものは続くと思い勝ちだが、そうではない。正義も滅びる。危機感なきものは何者も滅びるという非情な法則を直視しなくてはならない。

人材育成の二番目は職能訓練である。「スパイ教育だ」とする卑俗な興味にさらされるだろうが、低俗な批判を恐れずエレクトロニクスを中心とした世界水準の職能を修得しなければならない。「毒ガス部隊の再来だ」とする中傷に耐えて研修を重ねた陸上自衛隊化学部隊があったればこそ、オウムのサリン散布という非常事態に対応できたのではないか。インテリジェンスの実技を怠ったままで、日本に情報なしと高踏的に批判しているのでは、永遠に現状は変わらない。

技能教育の前に、私はインテリジェンス志望者を習志野の第一空挺団に入れるのがよいと思う。体力とサバイバル能力が適性の決め手である。駄目な者は一週間で辞めてもらえばよい。強靭な体力がなければ、〝やわ〟な知力から脱皮できない。

走りながら考える

情報分析の手法に料理のレシピのような黄金の法則が存在するとは思わない。もっとも、レシピどおりに作っても達人の味は出ないものらしいが。

ご批判を承知の上で、何点か箇条書きする。

①スライスとフックをいちどきに打つような矛盾を恐れるな。例えば「過去を重視せよ、過去にとらわれるな」といった具合である。

②真実は一つではない。絶対的な真実はない、というのが絶対的な真実である。全ては相対的である。

③真実は時間の経過とともに変化する。

④状況は作られる。強者によって作られている。客観的に状況を観察することは強者の意図に加担することになる。

⑤真実は断片の集合である。断片が正確だからといって全体をピクチャーしてはいけない。

⑥情報の絵柄はシンプルでなくてはいけない。一枚の紙に二本の樹木を描いてはいけない。ディテールは詳細に、構図は単純に。

⑦功名心は誰にでもある。むしろ功名心がなければ情報活動はできない。しかし、名声を求めれば作品が浅薄になる。作品が歪む。ひたすら仏を彫った仏師の心に倣おう。「作品」が残れば、無名の作者は永遠に生きる。

情報の最終納入先（カスタマー）は政策決定者であって、大統領もしくは総理大臣である。カスタマーの関心にフォーカスした情報が役に立つ、いい情報である。それは国益を見通した政策決定に資する材料となる……。

以上の事項は当然とされてきた。今でも正しいだろう。しかし近年、米国でいえばクリントン大統領あたりから「国益遂行」の意味するところが変わってきたように思われる。

前掲のハルバースタム『静かなる戦争』から引用しつつ考察する。

①「献身的で、意志が固く、犠牲を払ってでも目的を完遂するタイプの政治家である必要はない。むしろ、曲芸師やタップダンサーの素養を持ち、驚きと賛嘆の気持ちを起こさせるような政治家が必要だった」。「今の時代に、大統領選に立候補することは、政治家をやめ、サーカ

スに入ることに等しい」。

②有権者の関心がくるくる変わる。「移り気な有権者は、移り気な政治家を生み出す。そして、移り気な政治家が出現すると、有権者は不信感を募らせ、ますます移り気になっていく」。

③この変化をもたらしたのはテレビに代表される映像テクノロジーであり、客観情勢としては冷戦構造の終焉である。インターネットによって情報が飛び交うと世論は情緒的になる。奔流を起こす。また、ミサイルに代表されるハイテク兵器の無人化は愛国的に結集した大衆を単なる「観客」、政治的な傍観者に変えてしまう。

④「中流階級の女性票が、選挙戦の浮動票として重要視されるようになった」。政策を動かすのが「人道的な衝動」となった。国際的なイシューよりも社会・文化的な話題が有権者の、つまり政権の関心をひく。

⑤国際紛争について政権は一貫したポリシーを検討するよりも「試しに何かをやってみて、結果を見てから次の行動を決めようと」する。つまり情報を集めてポリシーを決定しようとするサイクル自体が崩れてくる。

以上は米国の最新事情である、念のため。日本の政治状況について蛇足を述べないが、日本の企業についても状況は同じである。商品のライフサイクルは短い。消費者は常に移り気である。必ずしも技術ではなく、デザインとか色彩、CMのキャラクターによって商品がブレークする。

マーケット情報の担当者は走りながら自分のコンパスを修正していかなければならない。

現代の情報マンはスピードと不確実性に追いたてられる。

第八章　インテリジェンスの裏庭で

情報が決する一国の盛衰

「研究ノート」を一応つづり終えたので、インテリジェンスをめぐる最近の論調を概観し、あわせて考え至らなかった諸点を補わせていただきたい。裏庭《バック・ヤード》にたたずんで種々のご提言に耳傾けるのも貴重な学習である。

この分野で私などは途中からの参入者であって、いち早く、かつ一貫してインテリジェンス機能の強化を論じて来られた先達たちが何人もおられる。深く敬意を表します。

さて、論調を追ってみると、論稿の数の多さに先ず驚く。江畑謙介さんが言うように「日本人は『情報』という言葉が好きで、その重要性を訴える人やメディアは多い」（『情報と国家』）

ということだろう。日本人が好きなのは日本人論と情報論ということになる。

江畑さんの所説は本文中でも紹介させていただいたが、特に技術面での指摘は国際的な水準を十分クリアしている。最先端のご研究を多としたい。

インテリジェンス論とは端的に言えば、組織論と技術論である。技術（テクノロジー）について言えば、基礎知識を知らないと情報収集作業のデザインが設定できない。例えば情報衛星がターゲットを捉える「ポインティング・システム」の仕組みが分からなければ、どの地点をどの角度からという正確な指定ができないことになる。

また、イラクにおけるＷＭＤ（大量破壊兵器）製造工場らしき画像を示された時、撮影時のデータと画像分析の限界性を承知していないと「写真」の持つ迫力に呑み込まれてしまうことは、我々が経験したところである。現代のインテリジェンスにサイバー・テクノクラートが果たす役割は大きい。

融合から集約へ

国家における情報と情報組織の重要性を論じた提言として、中曾根康弘『日本の総理』（ＰＨＰ新書）をあげておきたい。数点引用する。

「現代において、情報の収集、評価、管理は、国益や国家戦略にかかわる重要な仕事になってきています。しかし、残念ながら日本はその感覚が薄いと言わざるを得ません。それも無理はありません。日本は人工的な契約国家である米国や中国とは違って、歴史と文化の堆積によってつくられた自然発生的な国のために、戦略性に無関心だったのです」

「戦略的な体系づくりの基になるのは、鮮度が良く、質の高い情報をいかに収集するかです」

「しかし、外務省や防衛庁など既成の官公庁の縦割りの壁を破るのは容易なことでなく、容れ物はできましたが、人材の配置やスタッフを充実させるまでには至らずじまいでした」


九・一一テロの年に京都大学・中西輝政教授が毎日新聞（二〇〇一年一二月三一日）に発表したコメントを再録する。

「この日本という国が最も後れをとっているのは国家としての情報収集の能力であろう。純粋に情報収集だけを任務とし、他省庁から完全に独立して政治の中枢（首相）に直結する中央情報機構を持たないのは先進国では日本だけだ」


基本的に私は中西説に賛同する。その方向で微力を尽くした。問題は外務省、警察庁、防衛庁など既成組織から「完全に独立」して情報収集を行うための組織づくりである。情報は人材による。人材の確保と錬成が全てである。日本が情報能力を持つためには、インテリジェンスを一つの専門分野《プロフェッション》として認知、育成しなくてはならない。それは時間と費用を要するビッグ・

プロジェクトである。

中西教授の説に異論を唱えるならば、「首相に直結する中央情報機構」を創設しても、唯一常に正しい情報機関というのはありえないのだから、外務省、防衛庁、警察庁など関係官庁を有機的に結ぶ情報コミュニティが不可欠である。国家として情報の評価、組立てを行うメカニズムが必要である。このプロセスは従来、情報融合（fusion）とよばれてきたが、最近はより積極的な意味合いで情報集約（converge）と位置づけられている。インテリジェンス・サイクルにおける中核部分である。

水面下の努力

若い研究者たちが米国あるいは英国において歴史文書を検証するなどの実証研究《フィールド・ワーク》を積んで、インテリジェンスの実際をトレースしておられる趨勢は大変に心強い。小谷賢『イギリスの情報外交』（PHP新書）は、その好例である。英国インテリジェンスというと、すぐ十六世紀のエリザベス一世治下に遡ったりする解説本が多いが、この書は一九四一年を中心に日本軍の南部仏印進駐あるいはシンガポール侵攻の時期を掘り下げている。

筆者から示唆をいただいて、インテリジェンスの特性を再確認した。

①インテリジェンスとは錯誤のゲームである。お互いに相手を過大に、あるいは過小に評価

しがちである。ポーカーと同じく、相手の錯誤を増幅し、利用した者が勝利する。インテリジェンスの錯誤は新たなインテリジェンスによって補正できる場合がある。

②当然ながら、外交交渉において事前の情報は決定的に有効である。例えば日本海軍が実施した通信傍受によって松岡洋右《ようすけ》外相は英国の交渉意図を封じ込めることができた。

③情報分析のポイントでプライオリティーを誤ってはならない。英国インテリジェンスは日本側の意図を読み解くのに専念しすぎ、肝腎の敵の能力分析を怠った。背景には日本人などに高度の兵器は扱えないとする人種的偏見による先入観があった。

④日本の欠陥は政府、軍部、外務省の間で速やかな情報共有ができなかったこと、各組織の論理を克服できず常に妥協的な政策しか打ち出せなかったことにある。重要なのは情報を集めてからそれを利用するまでの過程である。

⑤正確な情報が少ないと杜撰な報告が「極秘情報」と銘打ってまかり通ってしまうことがある。

⑥チャーチル首相はインテリジェンスを重視した。それなるが故に特定の情報に頼りすぎ、また特定の傾向にこだわった。

小谷さんの所説に異論を一つ。「冷戦期でさえ強力なインテリジェンスを有したこれらの国々（米英：筆者注）が更なる進歩を遂げようとする中、日本の置かれている状況とインテリジェンスの現状は深刻である」とおっしゃるのは正しいが、「冷戦期でさえ」というのはインテリジェンスの本質から外れていると思う。インテリジェンスは戦争の付随品ではない。また、巨大テロが起きて初めて再評価されるべき性質でもない。有事の際には華々しいオペレーションが注目され語り継がれるが、例えばCIAが現在の組織形態になったのは一九四七年、冷戦の開始期に入ってからだった。要するに、インテリジェンスは有事の際にも平時にも機能する。国家の政策がある限り機能する。「弾丸の飛び交わない戦争」としてのインテリジェンスは冷戦によって深く、厳しく錬磨されたのである。

職人の技と感性

同じく若手研究者である土屋大洋氏や原田泉氏（国際社会経済研究所主席研究員）の論述については本文中で紹介した。これからのインテリジェンスに必須であるネットワーク・セキュリティとか、サイバー・テロ対策など高度にハイ・テクノロジカルな側面に言及している。とくに電話、インターネット、ファックス等に対する通信傍受はテロ対策としても最も有効であるところから各国で実施されており、通信資機材の共通化傾向からしても我が国だけが例外であり続けることは不可能である。米国あるいは欧州各国において政府も市民も「社会の安全確保とプライバシー」との均衡に苦闘している。法律ならびに技術の両面にわたってプラグマティックな実証レポートを提供いただいているのは有り難いことだ。

各政党の内部において、あるいは政治家グループにおいてインテリジェンス強化の研究や提言が行われるようになった。大手マスコミの中にも「インテリジェンス機能研究会」が設けられている。

時宜に適った企画だし、日本の将来像を考える格好の材料だと思う。時あたかも憲法改正論議が起こっている。インテリジェンスは憲法改正に関係しない。端的に言えば、憲法九条を改正してもしなくてもインテリジェンス活動の強化は可能である。前述したように、インテリジェンスは戦時において重要な役割を果たすが、戦争に付随する道具ではない。

したがって、本書でも殊更その点に論及しない。ただ、私は憲法九条をふくめて「この国のすがた」を考えて行く際に、独立した自前の情報能力を持つことが何よりの前提であると信じている。

政党関係からの提言を読んで、有益だと感じた二点についてコメントを記したい。

一は、人材養成のためのキャリアパスについてである。我が国には情報分野における能力アップのための人事政策がない。「対外情報庁」で有為な男女を採用したとしても、米英やイスラエルで研修させる、在外公館に配置する、国内留学で大学院に学ばせる、外務省や防衛庁に出向させる、といったキャリアパスを国家規模で考案しない限り生涯かけた情報マンつくりは望めない。とくにジュニアなうちはよいが、上級になると各省とも出向を受け入れないから、民間企業の役員にあたる指定職ポストを特設してシニアな幹部の交流を図る。そのことによって、役所の壁を越えた「国家のインテリジェンス」を担う人材をつくる。

以上は人材育成策である。育成には不適格者を排除する機能が伴う。情報は職人の技、感性である。適格でない者を排除しないと組織は機能不全に陥る。最悪の場合はインテリジェンス内部に「スパイ」を抱えることになる。

カネの透明性を確保せよ

二は、予算ないしカネの使い方の問題である。インテリジェンスにはカネがかかる。一見無駄なカネを日頃から撒いておかないと、いざという時に情報を入手できない。権力とか権限で行う職務ではないから、カネの要素は大きい。どの規模で、どのレベルのインテリジェンスを行うか、によるが現状の十倍から五十倍の予算は必要である。

私も一定の報償費を決裁する立場にあったが、現状の問題点は額の少ないことは別として、①支出が既定経費化していること（役所と役人にとっては安全弁である）②決算上、固定化した支出の方が無難なため、情報内容によって差をつける弾力運用をしないこと（お役所仕事になる）といった矛盾を感じていた。

額が少なければ問題も少ないが、予算がふえればカネの使い方が大問題となる。日本に強力な情報機関を創設する案に対する反対も、ここに由来するだろう。いわく、無駄なカネを根拠も示さず使う。その予算は雪だるま式に増える。国民のチェックが利かない。費用に見合う成果が提示されない。政権や体制側による世論操作に使われる。こういった具合である。

カネの問題はインテリジェンスに対するガバナンス（統治）の中心課題だと思う。①議会による監督　②（情報の分かる）第三者による経理　③ホットライン（最近の企業ではヘルプラインと呼ぶ）をふくめた職員自主申告制度など透明度の確保を真剣に工夫しなくてはならない。

組織におけるカネは初代が五使えば、二代目は十、三代目は二十とだんだん増えて、無駄な不正な支出も入り込んで来るものである。解決は常なる点検と良き伝統以外にない。組織は作るだけでは意味を持たない。試練の歳月を経て伝統を受け渡して初めて、無言の教えが出来あがる。幸い、日本には巨額の機密費を運用しながら几帳面に経理を処理した明石元二郎大佐という先達がいる。我々は伝統を繋ぐことができる。

最近インテリジェンスを論じた出色の提言は、内閣官房に設けられた「安全保障と防衛力に関する懇談会」（荒木浩座長）のレポート（二〇〇四年一〇月）である、と私は評価する。

三点だけ引用する。

「日本国内の総力を結集するためには、情報収集・分析能力の向上をベースにした日本政府の危機管理体制を確立する必要がある。縦割組織の弊害を排除して迅速・的確に危機に対処するため、最新技術を駆使した情報体制を確立し、関係各組織の情報を共有して、政府の意思決定・指揮命令に活かすことのできる態勢を内閣の下に整えるべきである。情報を収集するのみならず、これを的確に分析できる人材の育成も不可欠である」

「多機能弾力的防衛力の要は、情報収集・分析力である。テロなど新たな脅威への対応には、国の情報能力のレベルが決定的な意味を持つ」

「情報収集・分析力こそ、ハードとしての防衛力の効果を何倍にもする乗数（マルチプライヤー）である」

若き友へ

二十一世紀の日本に第二の明石元二郎が現れて欲しい。国際的なスケールでインテリジェンス活動を担える若者が輩出すると私は信じている。日本民族の遺産として、その資質を持った人材は絶えていないはずだ。

一度会って話をしたことのある関西の大学生S君が将来インテリジェンスを職業としたい、

と熱烈な手紙を寄越した。そのために、どういう勉強をすればよいのかと質問してきた。

S君、大学生の君が将来インテリジェンスを志すと聞いて、うれしくなったけど、あんまり気負って語るのもインテリジェンス的でないな、という気もして老婆心ながら手紙を書きます。

インテリジェンス要員になるための決まった方法などありません。若いうちは何でも見て、どこにでも旅して富士山のように裾野を広くしておくことですね。いつまでも好奇心と行動力を持ち続けることです。私も六十過ぎて最近、急に仏像の十一面観世音菩薩に惹かれてあちこち旅行しています。雑学と雑体験の上に感性が育つかも知れません。語学やパソコンはできた方がいい。でも、そんなことは、いざとなれば勉強できます。平凡でもバランスのとれた頭の構造が何よりです。豊かな知識を身につけて、偏見とか思い込みから自由でありたいものです。世の中には「未知」と「未体験」が一杯です。

インテリジェンスの仕事を何故やるのか、というと、やはり愛国心ですね。生まれて育ち、家族が生活している、この国を守りたいという素朴な気持ちです。しかし、S君、愛国心を振り回してはいけません。静かな愛国心、それで十分です。村上龍が『半島を出よ』で使っているセリフに倣えば「気持ちの悪いヒロイズムはやめろよ、タテノ」ということです。

日本を愛する日本人はたくさんいます。その一人になればよいのです。家のまわりに落ちているゴミをさりげなく拾うような郷土を愛する心です。

一度だけの人生です。君には使命感も功名心もあるでしょう。私にもあります。それがなければこんな仕事はできません。大いに命を燃やしたらいいのです。対価を求めても結構です。しかし、大臣になろうと名利を得ようと、所詮大したことではありません。過ぎ去れば全て「無」に帰ります。

仕事の「報酬」は、為すべきことを為したという気持ちだけです。それと、仕事をしている間、日本国の軍師の気持ちになれます。中国式にいえば丞相《じょうしょう》、すなわち天子の代行ですね。

その「為すべきこと」とは何なのか、それはその時の運命が決めてくれることでしょう。

君も法学部の学生だから分かると思いますが、インテリジェンスは刑法や民法ではなくて、刑事訴訟法とか民事訴訟法のようなものです。つまり、手続法の役割です。具体的に言えば、中国に対して強硬策を採れ、とか融和策を採れと声高に主張する役ではありません。中国の狙いは何なのか、内幕はどうなのか、を冷静に分析して的確な政策決定のためのデータを提供する役割です。刑法が好きな人は刑法をやればいい。手続法をやりたい人間が手続法を専攻すればよいのです。

私の体験など大したものではないので、最後に史上最高の情報参謀の話を記します。『三国志』で有名な諸葛亮孔明の話です。孔明は蜀の丞相でした。

蜀の国、現在の四川省成都に武侯祠つまり諸葛亮孔明を祀った廟があります。

その天井に後世の人々が孔明を称えた言葉「澹泊《たんぱく》明志、寧静致遠」が大書してあります。意訳すれば、「身辺がきれいで、明確な志を持つ」、寧静は英語ではneatでしょうか、とにかく「端正で遠い将来を考えている」といった意味合いです。

これが究極のインテリジェンス像でしょう。加えて、孔明は五十四歳、死を決して五丈原に出陣する際に遺しています。「聞達を諸侯に求めず」と。つまり、諸侯に仕えて名声や栄達を求めることはしない、と言っているのです。

S君、大学を卒業した後も君には五年も十年も充電期間があります。無頼に、不敵に何にでも挑戦すればよいのです。ただ、「学問の真実」といったものに対する尊敬の気持ちは失わない方がいいと思いますよ。

現実の世の中は学問の世界とは異なります。しかし、「学問の真実」を離れるとインテリジェンスは堕落します。アメ細工のように捻じ曲げられて使われます。

インテリジェンスには、もう一つの意味があります。知性です。知性を見失った人間に歴史の流れが読めるとは思えません。

良書に親しみ、良き友を得て知性と共に生きてください。

再会を楽しみにしています。

あとがきにかえて——汝、見つかるなかれ

一九七〇年代、在香港総領事館勤務の三年間をふくめて私はチャイナ・ウオッチングに従事した。

我々を仰天させたのは劉少奇と共に一九六六年、文化大革命で失脚させられた鄧小平が七三年四月、突如復活したことである。偉大な実務家の復活にチャイナ・ウオッチャーたちは喜び、興奮した。周恩来の後は「鄧小平の時代」との本も出た。

しかし周恩来の死後、「走資派批判」が起こって鄧はまた失脚してしまう。「鄧小平の時代」は一瞬で「王洪文の時代」と言った人もいたし、「張春橋は穏健派だ」と言った人もいた。が、「四人組」が粉砕されて七七年七月、鄧は（三度目の）奇跡の復活を遂げる。「鄧小平の時代」は正しかったのである。

私は渦の中にまきこまれつつ、「情報」が持つ一番悪い側面が集中的に露呈したなと感じた。群盲象をなでる、牽強付会の自説を展開する、「情報」とか「分析」とか称するが「事実」そ

のものの展開の方が早くて、情報は何も生産しない。

「中国はしばしば観察者を裏切る」と総括した研究者もいる。しかし、私は情報マンとして深刻な反省を自分に強いた。

二十一世紀の日本が賢く生きるためには米中両国といかに適正（correct）な関係を保つかがカギである。とくに隣の大国・中国の動向は常に予兆の段階から観測しておく必要がある。その観測が正確であるためには現象面の予言に走るよりも、中国四千年のカルチャーを化学分析のように客観的に認識することが基本だ。そこには我々と根本的に異なる歴史観がある。如何に強盛なる王朝、権力者といえども勢いを失えば打倒される、命が革《あらた》まるという独特の革命原理である。この「革命」を実現する手段は常に権力闘争であって、実に立派な大義名分を押し立てるが、理屈は行動の便宜に従う。権力闘争の激しさと奥深さは淡泊なる日本民族のとても考え及ぶところではない。

「鄧小平」の苦い体験から私は、①情報は具体的な磁場において摑もう。中国の情勢は中国の「物差し」で測らなくてはいけない　②予測を基に情報を選別してはいけない。情報に正統も異端もない　③事態は急変する。情報カンを研ぎ澄ましておくためには一瞬たりといえども情報のシャワーから離れてはいけない、と自分に言い聞かせた。

それにしても、あの時の衝撃は忘れがたい。

チャイナ・ウオッチングをしていて、私が到達した教訓のひとつは「信じても常に懐疑せよ。手持ちのチップを全部一カ所に張るのはルーレットの必勝法に反する」である。

小さな報告をひとつ。役人世界の話で恐縮だが、内調室長の地位は低かった（各省の局長クラス）。歴代の努力が実って私の時に警視総監と同格に上がった。その後、内閣情報官制度になって各省次官より上のランクになった。国家情報の長として国際的な感覚に近づいたかなと思うと同時に、国民からいただいた高い信託に応える職務を果たさなくてはいけないと自戒する。

ＢＢＣ（英国放送協会）で長く日本語部長をつとめたトレヴァー・レゲットさんは『紳士道と武士道』（麗澤大学出版会）で、イギリスで一番重要な戒律は聖書にあるモーゼの十戒ではなくて、十一番目のいましめ「汝、見つかるなかれ」である、との言い方があると指摘している。レゲットさんのユーモアが分かる紳士がふえた時、日本にもインテリジェンスが定着するだろう。

現場仕事で「情報」に三十年たずさわってきたが、一九九七年からＮＥＣ（日本電気㈱）に勤務して、ハードとソフト両面、そしてネットワーク・システムを身近に勉強させていただいている。二十一世紀のインテリジェンスにいささかの発言を残せるとしたら、この貴重な体験のたまものである。

執筆中、筆者と編集者というよりも「メル友」として、文春新書編集部の和賀正樹さんと知的コミュニケーションを楽しませてもらった。本文中にも紹介したとおり、和賀さんは自分でも足を運んで発掘するタイプの執筆者である。神は細部に宿ることを私に吹き込んだ。理念から実践へ、総論から具体論へ、怖がらずに一歩踏み込みましょうとそそのかした。私も「新しい問題に関する限り、専門家は常にアマチュアである」との言葉を返した。思索しつつ試行することは既にインテリジェンスの一部かも知れない。和賀さんと私とのコミュニケーションに読者の皆様が参加していただければ、うれしいことです。

二〇〇五年七月

大森　義夫

大森 義夫（おおもり　よしお）

1939年、東京生まれ。都立両国高校、東京大学法学部卒。63年、警察庁に入庁。日本政府沖縄事務所、在香港総領事館領事、鳥取県警察本部長、警視庁公安部長、警察大学校校長を歴任。93年～97年、内閣情報調査室長。現在、NEC取締役専務を経て、同社顧問。外務省「対外情報機能強化に関する懇談会」座長。

文春新書

463

日本《にほん》のインテリジェンス機関《きかん》

2005年(平成17年) 9月20日　第1刷発行
2007年(平成19年) 2月25日　第3刷発行

著　者　大　森　義　夫
発行者　細　井　秀　雄
発行所　株式会社　文　藝　春　秋

〒102-8008　東京都千代田区紀尾井町3-23
電話　(03) 3265-1211（代表）

印刷所　理　想　社
付物印刷　大日本印刷
製本所　大　口　製　本

定価はカバーに表示してあります。
万一、落丁・乱丁の場合は小社製作部宛お送り下さい。
送料小社負担でお取替え致します。

ISBN4-16-660463-5

◆日本の歴史

◆政治の世界

美しい国へ　安倍晋三
政官攻防史　金子仁洋
連立政権　草野　厚
癒しの楽器 パイプオルガンと政治　草野　厚
代議士のつくられ方　朴　喆熙
農林族　中村靖彦
牛肉と政治 不安の構図　中村靖彦
Eポリティックス　横江公美
日本のインテリジェンス機関　大森義夫
首相官邸　江田憲司 龍崎　孝
永田町「悪魔の辞典」　伊藤惇夫
知事が日本を変える　浅野史郎 北川正恭 橋本大二郎
総理大臣とメディア　石澤靖治
田中角栄失脚　塩田　潮
政治家の生き方　古川隆久
昭和の代議士　楠　精一郎

＊

日本国憲法を考える　西　修
日本の司法文化　佐々木知子
司法改革　浜辺陽一郎
憲法の常識 常識の憲法　百地　章
アメリカ政治の現場から　渡辺将人
駐日アメリカ大使　池井　優
非米同盟　田中　宇
第五の権力 アメリカのシンクタンク　横江公美
アメリカに「NO」と言える国　竹下節子
CIA 失敗の研究　落合浩太郎
ジャパン・ハンド　春原　剛
道路公団解体プラン　加藤秀樹と構想日本
密約外交　中馬清福
常識「日本の安全保障」　『日本の論点』編集部編
拒否できない日本　関岡英之
夢と魅惑の全体主義　井上章一

◆世界の国と歴史

民族の世界地図 21世紀研究会編
新・民族の世界地図 21世紀研究会編
地名の世界地図 21世紀研究会編
人名の世界地図 21世紀研究会編
常識の世界地図 21世紀研究会編
イスラームの世界地図 21世紀研究会編
色彩の世界地図 21世紀研究会編
食の世界地図 21世紀研究会編
ローマ人への20の質問 塩野七生
ローマ教皇とナチス 大澤武男
物語 古代エジプト人 松本 弥
物語 オランダ人 倉部 誠
物語 イギリス人 小林章夫
決断するイギリス 黒岩 徹
ドリトル先生の英国 南條竹則
英国大蔵省から見た日本 木原誠二

森と庭園の英国史 遠山茂樹
フランス7つの謎 小田中直樹
ナポレオン・ミステリー 倉田保雄
NATO 佐瀬昌盛
変わる日ロ関係 安全保障問題研究会編
揺れるユダヤ人国家 立山良司
パレスチナ 芝生瑞和
イスラーム世界の女性たち 白須英子
サウジアラビア現代史 岡倉徹志
不思議の国サウジアラビア 竹下節子
ハワイ王朝最後の女王 猿谷 要

＊

戦争学 松村 劭
新・戦争学 松村 劭
名将たちの戦争学 松村 劭
ゲリラの戦争学 松村 劭
戦争の常識 鍛冶俊樹
職業としての外交官 矢田部厚彦

二十世紀をどう見るか 野田宣雄
首脳外交 嶌 信彦
目撃 アメリカ崩壊 青木冨貴子
テロリズムとは何か 佐渡龍己
ローズ奨学生 三輪裕範

＊

歴史とはなにか 岡田英弘
歴史の作法 山内昌之
大統領とメディア 石澤靖治
ユーロの野望 横山三四郎
旅と病の三千年史 濱田篤郎
旅行記でめぐる世界 前川健一
世界一周の誕生 園田英弘
セレブの現代史 海野 弘

(2006.12) B

◆アジアの国と歴史

「三国志」の迷宮　山口久和
権力とは何か　中国七大兵書を読む　安能　務
中国人の歴史観　劉　傑
アメリカ人の中国観　井尻秀憲
取るに足らぬ中国噺　白石和良
中国名言紀行　堀内正範
中国の隠者　井波律子
蔣介石　保阪正康
中国の軍事力　平松茂雄
「南京事件」の探究　北村　稔
中国はなぜ「反日」になったか　清水美和
中国共産党　葬られた歴史　譚　璐　美
中華料理四千年　譚　璐　美
道教の房中術　土屋英明
中国艶本大全　土屋英明
上海狂想曲(仮)　高崎隆治

＊

韓国人の歴史観　黒田勝弘
〝日本離れ〟できない韓国　黒田勝弘
日本外交官、韓国奮闘記　道上尚史
韓国併合への道　呉　善花
竹島は日韓どちらのものか　下條正男
在日韓国人の終焉　鄭　大均
在日・強制連行の神話　鄭　大均
韓国・北朝鮮の嘘を見破る　近現代史の争点30　鄭　大均　古田博司編著
歴史の嘘を見破る　日中近現代史の争点35　中嶋嶺雄編著
物語　韓国人　田中　明
「冬ソナ」にハマった私たち　林　香里
テポドンを抱いた金正日　鈴木琢磨
北朝鮮　拉致と核と餓死の国　萩原　遼
アメリカ・北朝鮮抗争史　島田洋一
東アジア「反日」トライアングル　古田博司
還ってきた台湾人日本兵　河崎眞澄
インドネシア繚乱　加納啓良

◆経済と企業

マネー敗戦　吉川元忠
情報エコノミー　吉川元忠
黒字亡国
対米黒字が日本経済を殺す　三國陽夫
ヘッジファンド　浜田和幸
金融再編　加野　忠
金融行政の敗因　西村吉正
金融工学、こんなに面白い　野口悠紀雄
投資信託を買う前に　伊藤雄一郎
年金術　伊藤雄一郎
知的財産会計　二村隆章　岸　宣仁
サムライカード、世界へ　湯谷昇羊
日本国債は危なくない　久保田博幸
「証券化」がよく分かる　井出保夫
デフレに克つ給料・人事　蒔田照幸
人生と投資のパズル　角田康夫
企業危機管理　実戦論　田中辰巳
企業再生とM&Aのすべて　藤原総一郎
企業コンプライアンス　後藤啓二
敵対的買収を生き抜く　津田倫男
執行役員　吉田春樹
自動車　合従連衡の世界　佐藤正明
企業合併　箭内　昇
日本企業モラルハザード史　有森　隆
本田宗一郎と「昭和の男」たち　片山　修
「強い会社」を作る
ホンダ連邦共和国の秘密　赤井邦彦
西洋の着想　東洋の着想　今北純一
日米中三国史　星野芳郎
インド　IT革命の驚異　榊原英資
ハリウッド・
ビジネス　ミドリ・モール
中国経済　真の実力　森谷正規
「俺様国家」中国の大経済　山本一郎
中国ビジネスと
情報のわな　渡辺浩平

＊

21世紀維新　大前研一
ネットバブル　有森　隆
インターネット取引は
安全か　五味俊夫
IT革命の虚妄　森谷正規
石油神話　藤　和彦
文化の経済学　荒井一博
都市の魅力学　原田　泰
エコノミストは信用できるか　東谷　暁
プロパテント・ウォーズ　上山明博
成果主義を超える　江波戸哲夫
悪徳商法　大山真人
コンサルタントの時代　鴨志田晃
高度経済成長は復活できる　増田悦佐
デフレはなぜ怖いのか　原田　泰

（2006. 12）C